Wegweiser Katzenfutter

Dosenfutter

Selbstgemachtes

Wegweiser Katzenfutter

von Lena Landwerth

Dosenfutter

Selbstgemachtes

CADMOS

Impressum

Copyright © 2012 by Cadmos Verlag, Schwarzenbek

Gestaltung und Satz: jb:design – Johanna Böhm, Dassendorf

Lektorat: Anneke Bosse

Titelfoto: Anke Peters

Fotos im Innenteil ohne Fotonachweis: Anke Peters, www.fotografie-ankepeters.de

Zeichnung: Maria Mähler

Druck: Grafisches Centrum Cuno, Calbe

Deutsche Nationalbibliothek – CIP-Einheitsaufnahme

Die Deutsche Nationalbibliothek verzeichnet diese Publikation in der Deutschen Nationalbibliografie;
detaillierte bibliografische Daten sind im Internet über http://dnb.ddb.de abrufbar.

Printed in Germany

ISBN 978-3-8404-4010-6

Haftungsausschluss

Autorin und Verlag haben den Inhalt dieses Buches nach bestem Wissen und Gewissen zusammengestellt. Die Autorin und der Verleger haften nicht für eventuelle Schäden an Mensch und Tier, die als Folge von Handlungen und/oder gefassten Beschlüssen aufgrund der gegebenen Informationen entstehen.

Vorwort 7

Grundlagen der Katzenernährung 9

Der Verdauungsapparat der Katze 9

Wichtige Bausteine: die Nährstoffe 11

    Proteine 12

    Kohlenhydrate 14

    Fette 14

    Vitamine 15

    Mineralstoffe 15

Mangelerscheinungen und Überdosierung 16

Katzenfutter nach Mutter Natur 19

Fertigfutter – alles Gute aus der Dose? 23

Trocken- oder Nassfutter? 23

Futteretiketten analysieren – muss das sein? 26

    Wissen, was drinsteckt.. 26

    Was auf dem Etikett stehen sollte – und was nicht 28

    Etikettenschwindel? 30

Rezepturänderungen: Wenn's plötzlich nicht mehr schmeckt ... 30

Vegetarische Katzenernährung 33

Fazit 35

Rohfütterung – Natur pur im Futternapf? 37

Wir bauen eine Maus 37

Hauptzutat: Fleisch 39

Nahrungsergänzung durch Supplemente 39

Zubehör zum Barfen 40

Rohfütterung praktisch: Rezepte zum Ausprobieren 41

Fazit 43

Selbstgekochtes – Haute Cuisine für die Katze? 45
Eine saubere Lösung? 45
Besonderheiten, die Sie kennen sollten 46
Zubehör zum Selbstkochen 47
Selbstkochen für Einsteiger: Rezepte zum Ausprobieren 48
Fazit 49

Welche Fütterungsmethode passt zu meiner Katze und mir? 51
Das Richtige für meine Katze? 52
    Geschmack 52
    Futter für kranke Katzen 53
    Ratgeber: Internet oder Tierarzt? 56
Das Richtige für mich 58
Teste, wer sich bindet 58
Probehäppchen für Suppenkasper 61

Praktische Tipps 65
Gut geplant ist halb gefüttert 65
    Wie viel Futter braucht meine Katze? 65
    Normal-, Über- und Untergewicht 67
    Mein Futterplan 68
Unter- und Überversorgungen 70
Leckeres für zwischendurch 71

Schlusswort 75

Anhang 77
Tipps zum Weiterlesen 77
Internetquellen 77
Danksagung 77
Register 78

VORWORT

Eine Katze zu füttern scheint eine komplizierte Sache zu sein: Leidenschaftliche und bisweilen hitzige Diskussionen gibt es unter befreundeten Katzenhaltern, in Internetforen und mit Verkäufern im Fachhandel in Hülle und Fülle. Haben auch Sie schon vor der Entscheidung zwischen naturnaher Rohernährung, einfacher Dosennahrung, gutem Selbstgekochtem oder exotischen Ernährungsstilen wie der vegetarischen Fütterung gestanden? Haben Sie nach jedem gelesenen Buch eine Entscheidung gefasst, diese aber beim Lesen des nächsten Artikels wieder verworfen? Konnte Ihnen auch Ihr Tierarzt nicht weiterhelfen, da er ein Experte in Gesundheitsfragen, aber kein Ernährungsfachmann ist? Haben Sie sich über den vielerorts herrschenden „Glaubenskrieg" zwischen den Anhängern der jeweiligen Fütterungsstile geärgert? Schwirrt Ihr Kopf vor lauter Futtertabellen, Nährstoffberechnungen und Fachbegriffen?

Nun, dann sind Sie nicht allein. Die Fütterung der Katze ist ein hochkomplexes Thema und kaum ein Katzenfreund findet den Weg durch den Futterdschungel ohne Zögern. Das ist auch gut so! Denn Seitenblicke sind notwendig, um die richtige Entscheidung für sich selbst und die eigene Katze treffen zu können.

Dieses Buch betreibt bewusst keine Schwarz-Weiß-Malerei und es enthält natürlich auch keine Listen, welche Katzenfuttermarken die besten sind. Stattdessen möchte ich Sie mitnehmen auf eine geführte Reise in die Welt der Katzenernährung, auf der alle Vor- und Nachteile verschiedener Fütterungsphilosophien abgewogen werden. Auf diese Weise bietet das Buch eine Entscheidungshilfe dafür, was ab sofort in den Napf Ihrer Katze gefüllt wird – und worauf Sie bei der Fütterung Ihres Stubentigers künftig verzichten. Sind Sie dabei? Dann kann es losgehen!

Lena Landwerth, im Februar 2012

GRUNDLAGEN
der Katzenernährung

Damit aus Mäusen und Vögeln, Dosenfutter und Milch Energie wird, bedient sich die Katze eines ausgeklügelten Werkzeugs: ihres Verdauungsapparats. Dieser besteht aus Organen wie Mundhöhle, Speiseröhre, Magen, Dünn- und Dickdarm mit Millionen hoch spezialisierter Zellen, die alle ihren Teil zur Gesamtwirkung beitragen.

Die Ernährungslehre bis ins kleinste Detail ist hochinteressant – das allerdings vor allem für Tierärzte und Biologen. Es reichen schon wenige kompakte Informationen, um die Grundlagen der Katzenernährung zu verstehen.

Der Verdauungsapparat der Katze

Die Verdauung beginnt schon in der Mundhöhle: Mit ihren spitzen Zähnen zerbeißt die Katze ihr Beutetier zu verdauungsgerechten Happen. Im Gegensatz zu uns können Katzen ihre Nahrung nicht zerkauen. Der Grund ist ihr Kiefergelenk, das wie ein Scharnier nur Auf- und Abwärtsbewegungen erlaubt. Deshalb zerbeißen Katzen ihre Nahrung in der Regel in schluckgerechte Happen und kauen sie mit den Backenzähnen grob an – den Rest übernimmt die Magensäure. Dass Katzen

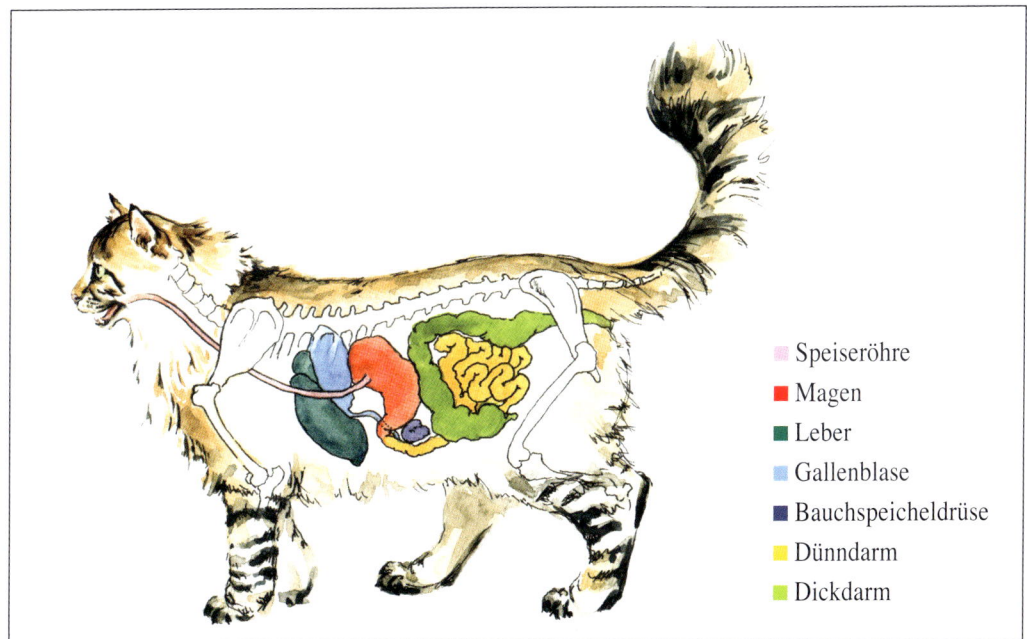

Speiseröhre
Magen
Leber
Gallenblase
Bauchspeicheldrüse
Dünndarm
Dickdarm

Der Verdauungsapparat der Katze im schematischen Überblick. (Zeichnung: Maria Mähler)

Angesichts der riesigen Auswahl ist es gar nicht so leicht, den Überblick zu behalten.

Was Katzen schmecken

Die Geschmackswelt der Katze unterscheidet sich erheblich von der unsrigen. Zwar finden sich auf der Zunge der Katze Geschmacksrezeptoren für „sauer" und „salzig" sowie „bitter", ein Rezeptor für „süß" fehlt aber völlig. Die Folge: Katzen können Süßes nicht wahrnehmen. Dafür schmecken sie „umami", eine weitere Geschmacksqualität. Sie wird von speziellen Geschmacksknospen wahrgenommen, die sensibel auf Eiweiße reagieren. Für Katzen, deren Nahrung vor allem aus proteinreichen (also eiweißreichen) Beutetieren besteht, ist dies eine wichtige und hoch spezialisierte Anpassung.

vor allem mit den seitlichen Zähnen arbeiten, ist dabei völlig normal – die vorderen kleinen Schneidezähne dienen vor allem zur Fellpflege und zum Entfiedern und Enthaaren der Beute.

Der während des Fressens gebildete Speichel dient dem ersten Zersetzen der Nahrung sowie dem leichten Transport durch die Speiseröhre. Diese überführt das Futter in den Magen. Die Magenwand ist muskulös und durchmischt den Nahrungsbrei mit rhythmischen Bewegungen. Dabei sondern die Magendrüsen die Magensäure ab, die Bakterien und Krankheitserreger mit einem extrem sauren pH-Wert abtötet und Proteine vorverdaut.

Die Aufspaltung des Futters in die restlichen Nahrungsbestandteile geschieht anschließend im Dünndarm. Hier sorgen die Verdauungssäfte aus Leber und Bauchspeicheldrüse dafür, dass die Nahrung in kleinste wasserlösliche Bestandteile zerlegt und durch die Darmschleimhaut ins Blut aufgenommen werden kann.

Hier trennt sich nun der Weg von unverdaulichen Bestandteilen und Nährstoffen: Erstere werden in den Dickdarm weitergeleitet, eingedickt und als Kot ausgeschieden. Nährstoffe hingegen werden nach der Aufnahme durch die stark gefaltete Darmschleimhaut vom Blut bis in die Leber geleitet, wo sie für den Zellstoffwechsel vorbereitet und in die jeweiligen Körperzellen weitergeleitet werden.

Der Dickdarm ist die vorletzte Passage der Nahrungsbestandteile durch den Körper der Katze. Hier zersetzen Bakterien unverdauliche Nahrungsreste. Vitamine und noch enthaltene Mineralstoffe werden herausgefiltert und von der Darmschleimhaut aufgenommen.

Alles, was noch übrig bleibt, wird als Kot ausgeschieden. Seine Erscheinung kann von weich bis zu hart und von Hellbeige über Rötlich bis zu Pechschwarz variieren – je nach Futterverwertung, Nahrungsbestandteilen und eventuellen Krankheiten.

Wichtige Bausteine: die Nährstoffe

„Du bist, was du isst": Dieser viel zitierte Spruch gilt auch für unsere Katzen. Damit der Körper einer Jungkatze wachsen kann, braucht er bestimmte Nährstoffe. Für Kraft und Gesunderhaltung ist es ebenso. Der Katzenkörper ist aus Abermillionen von Zellen aufgebaut, deren Bestandteile die Katze Tag für Tag aus der Nahrung aufnimmt. Fehlen Nährstoffe zum Aufbau eines starken Knochengerüsts, elastischer Muskeln und reaktionsfreudiger Nervenfasern, wird der gesamte Organismus instabil wie ein Baugerüst, dem die stützenden Querstreben fehlen.

Während frei lebende Katzen Tag für Tag jagen müssen, um satt zu werden, haben es unsere Wohnungskatzen mehr als bequem. Sie werden mehrmals am Tag mit dem feinsten Futter versorgt, das oft einen höheren Grammpreis aufweist als Delikatessen für den Halter. In der Regel sollte der Inhalt der Döschen, Schälchen und Tütchen alles enthalten, was die Katze braucht, und sie so vor Mangelerscheinungen bewahren. Greift der Katzenhalter aber zu dem so beliebten „Ergänzungsfutter" oder wählt eine für die Katze ungünstige Zusammensetzung von Futtersorten, ist dies nicht immer gegeben.

Doch zurück zum Anfang. Was braucht eine Katze überhaupt? Sehen wir uns einmal den in vielen Veröffentlichungen um die Rohfütterung zitierten Aufbau einer typischen Maus an. Ein Beutetier besteht zu etwa 85 Prozent aus Fleisch,

Kurzer Darm

Der Darm des Fleischfressers Katze ist im Vergleich zu dem eines Allesfressers wie dem Menschen extrem kurz. Während die Darmlänge des Menschen im Durchschnitt etwa das Sechsfache seiner Körpergröße beträgt, ist es bei der Katze nur das Dreifache. Fleisch ist im Gegensatz zu pflanzlicher Nahrung hochverdaulich. Je höher der Anteil pflanzlicher Nahrung auf dem Speiseplan einer Spezies, desto länger ihr Darm.

darunter Muskelfleisch, Bindegewebe und Organe. Den Rest machen Knochen und Federn sowie pflanzliche Bestandteile im Magen-Darm-Trakt aus. Die Trockenmasse einer durchschnittlichen Maus besteht so in der Regel aus 50 bis 60 Prozent Protein, 20 bis 30 Prozent Fett und 3 bis 8 Prozent Kohlenhydraten aus dem Inhalt des Magen-Darm-Trakts des Tiers.

Proteine

Fleisch enthält hochwertiges und für die Katze optimal verwertbares Protein.

Auffallend ist der hohe Anteil an Protein, dem wichtigsten Energielieferanten für die Katze und Bestandteil vieler wichtiger Stoffwechselprozesse im Organismus. Proteine, auch Eiweißstoffe genannt, sind aus Aminosäuren aufgebaut und übernehmen viele wichtige Aufgaben im Organismus: Sie transportieren Stoffe, wirken als Beschleuniger chemischer Reaktionen, erkennen Signalstoffe, wirken bei der Immunabwehr mit und sind an fast allen Abläufen im kätzischen Organismus beteiligt.

Sollte Ihnen nun der Gedanke kommen, Ihrer Katze einfach einen der gesund aussehenden Proteindrinks aus dem Fitnessstudio zu verabreichen, sei an dieser Stelle davor gewarnt: Protein ist nicht gleich Protein: Je nach Zusammensetzung der beteiligten Aminosäuren haben Proteine einen für die Katzen guten Nährwert, können also zum Großteil verwertet und in den Körper eingebaut werden oder aber werden teils ungenutzt ausgeschieden.

Die für Katzen hochverdaulichen Proteine sind vor allem tierischer Natur, Muskelfleisch enthält dabei mehr Protein als Bindegewebe. Studien zeigten, dass Ratten, die mit tierischem Eiweiß gefüttert wurden, schneller an Gewicht zunahmen als Ratten, die nur pflanzliches Eiweiß erhielten. Derartige Versuche prägten den Begriff der biologischen Wertigkeit: Je ähnlicher das Nahrungsprotein dem Körperprotein in seiner Aminosäurenzusammensetzung ist, umso besser kann es vom Körper verwertet werden. Stellen Sie sich ein Farbpuzzle vor, in das sich farbige Puzzleteile natürlich viel besser einfügen als gleich geformte schwarz-weiße Teile. Hochwertige Proteine können vom Katzenkörper besser verwertet werden als minderwertige Proteine: Je hochwertiger das Protein, desto weniger

Eiweiß für das Wachstum

Der Proteinbedarf ist im Wachstum am größten. Zu dieser Zeit entspricht er etwa 18 bis 20 Gramm pro Kilogramm Lebendgewicht. Ist die Katze ausgewachsen, geht er kontinuierlich zurück.
Aus diesem Grund beträgt der Anteil an Milchprotein in der Katzenmilch rund 36 Prozent.

Gemüse für die Katze? In geringen Mengen ist dies sinnvoll, denn über den Verdauungstrakt ihrer Beutetiere nehmen Katzen auch in der Natur einen kleinen Anteil pflanzlicher Kohlenhydrate zu sich.

benötigt der Katzenkörper hiervon. Die biologische Wertigkeit von Proteinen wird in Bezug zum Hühnerei in Prozent ausgedrückt. So hat reines Hühnerei eine biologische Wertigkeit von 100 Prozent, Milch von 92 Prozent und Rindfleisch von 78 Prozent.

Milch enthält neben hochwertigem Eiweiß auch viele Vitamine und Kalzium. Sie ist jedoch andererseits sehr fett- und kalorienreich. Der Verdauungstrakt erwachsener Katzen hat zudem in den meisten Fällen die Fähigkeit verloren, den in der Milch enthaltenen Milchzucker (Laktose) zu verwerten. Die Folge ist dann ein grässlicher Durchfall. Die oft empfohlene Kondensmilch enthält sehr viel Phosphat und bis zu 45 Prozent Zucker, sodass sie ebenfalls nicht in die Katzennahrung gehört.

Einige Proteine kann die Katze selbst aus Nahrungsbausteinen aufbauen, andere muss sie über die Nahrung aufnehmen. Letztere nennt man „essenzielle Aminosäuren"; zu ihnen gehören zum Beispiel Arginin, Histidin, Methionin, Phenylalanin, Tryptophan und Valin. All diese Nahrungsbausteine sind lebenswichtig für Ihre Katze. Ein Mangel an Arginin führt beispielsweise dazu, dass Ammoniak nicht zu Harnstoff umgewandelt und deshalb nicht über den Harn ausgeschieden werden kann – er reichert sich im Blut an, was letztlich zum Tod führt. Histidin ist eine Vorstufe von Histamin und reguliert die Produktion von Magensäure und vielfältige Abwehrreaktionen im Katzenkörper.

Auch wenn es in vielen Quellen so angegeben wird, ist Taurin zwar lebenswichtig für die Katze, kann aber als ein Abbauprodukt der Aminosäuren Cystein und Methionin selbst hergestellt werden und gehört deshalb nicht zu den essenziellen Aminosäuren. Da die körpereigene Produktionsmenge von Taurin jedoch gering ist, muss diese Substanz über das Futter hinzugefügt werden.

Taurin ist unter anderem an der neuronalen Vernetzung des Gehirns im Wachstum beteiligt und reguliert die Kalziumzufuhr im Herzen und somit den Herzschlag. Ein Mangel führt zu Blindheit, Unfruchtbarkeit, Wachstumsstörungen, Deformationen der Wirbelsäule und einer Störung des Immunsystems. Mittlerweile ist auch die sogenannte dilatative Kardiomyopathie, eine Versteifung des Herzmuskels, als Folge eines langjährigen Taurin-Mangelzustands bekannt. Die empfohlene Taurinmenge für eine Katze liegt bei etwa 200 Milligramm pro Tag. Der Tauringehalt in purem Fleisch ist sehr unterschiedlich: Mageres Rindfleisch enthält fast doppelt so viel Taurin wie eine Schweineleber.

Kohlenhydrate

Kohlenhydrate sind mehr als nur Ballaststoffe, und auch wenn sie nur einen sehr kleinen Teil der Katzennahrung stellen sollten, sind sie doch lebenswichtig.

Zu den löslichen Kohlenhydraten zählt auch die in der Katzenmilch enthaltene Laktose, der Milchzucker. In der Welpenphase sind diese leicht verdaulichen Kohlenhydrate lebenswichtig, da sie leicht zu Fett umgewandelt werden können und schnell aufzubauende Energiespeicher sind, wie sie eine junge Katze benötigt. Entwächst die Katze dem Kittenalter, kann dieser Umwandlungsprozess aber allzu schnell zu Fettsucht führen.

Unlösliche Kohlenhydrate sind die sogenannten Ballaststoffe oder Rohfasern. Sie sind nicht verdaulich, erhöhen aber die Darmtätigkeit und regulieren die Verdauung sowie den Kotabsatz. Ein Mangel führt zu Verdauungsproblemen; enthält ein Katzenfutter aber zu viele Rohfasern, belasten diese die ausscheidenden und entgiftenden Organe.

In der Natur nimmt die Katze vor allem Kohlenhydrate in Form des Mageninhalts ihrer Beutetiere auf – selten mehr als 3 bis 5 Prozent, bestehend aus Getreide und anderen pflanzlichen Bestandteilen.

Fette

Fette haben im Zusammenhang mit Ernährung oft einen schlechten Ruf. Viele von uns trinken fettarme Milch, wählen fettarmes Fleisch und kaufen mageren Käse. Was wir gern vergessen: Katzen brauchen Fett, damit ihr Körper fettlösliche Vitamine aufnehmen und verwerten kann. Doch Fett ist nicht gleich Fett. Tierische, ungesättigte Fettsäuren wie Omega-3-Fette gelten als besser verwertbar für den Fleischfresser Katze als pflanzliches Fett. So sind Katzen nicht in der Lage, die in Pflanzenölen enthaltene Linolsäure in Arachidonsäure umzuwandeln – sie benötigen diese Fettsäuren aus tierischen Quellen.

Wasser ist wichtig

Auch das gehört in die Katzennahrung: Wasser. Katzen sind von Natur aus Wüstentiere, sie nehmen die benötigte Feuchtigkeit vor allem über die Nahrung auf und trinken nur, wenn es unbedingt sein muss. Trockenfuttersorten haben einen Rohwassergehalt von etwa 7 bis 10 Prozent, Nassfutter dagegen bis zu 70 Prozent. Deshalb ist es so wichtig, dass Katzen, die mit Trockenfutter ernährt werden, immer Trinkwasser zur Verfügung haben.

Vitamine

Welche Vitamine in welcher Konzentration im Futter stecken, hängt von den Nahrungsbestandteilen und von der Verarbeitung ab.

Natürlich besteht der Körper eines Beutetiers nicht nur aus den Hauptnährstoffen und Wasser. Er enthält zugleich jede Menge Vitamine und Mineralstoffe, die die Katze benötigt, um gesund zu bleiben, da sie an mannigfaltigen Vorgängen im Körper beteiligt sind. Auch hier ist der Bedarf des Katzenkörpers ein völlig anderer als der des Menschenkörpers.

Besonders wichtig ist die Unterscheidung zwischen wasser- und fettlöslichen Vitaminen. Letztere werden über lange Zeit in den Fettzellen des Körpers gespeichert, hier kann eine Überdosierung durchaus gefährlich werden. Wasserlösliche

Vorsicht heiß!

Viele Vitamine sind extrem wärmeempfindlich und werden durch Hitze zerstört. Bei Vitamin A beispielsweise sinkt der Gehalt durch gewöhnliches Kochen um ein Drittel.

Vitamine hingegen werden bei einer Überversorgung in der Regel ohne große Probleme mit dem Harn ausgeschieden. Nach aktueller veterinärmedizinischer Meinung stellt eine leichte Überversorgung mit diesen Vitaminen kein Problem dar. Da Vitamine aber in enger Wechselwirkung mit sämtlichen Stoffwechselprozessen stehen, ist dennoch Vorsicht geboten.

Zu den fettlöslichen Vitaminen, die essenziell für die Katze sind und die bei Überversorgung großen Schaden anrichten können, gehört beispielsweise das Vitamin A. Katzen fehlt das Enzym Betacarotin-Dioxygenase, das Betacarotin in Vitamin A spaltet. Da Vitamin A für Augen, Zähne, Knochen, Fruchtbarkeit, Haut, Schleimhäute, Magen- und Darmgewebe benötigt wird, ist eine direkte Zufuhr dieses Vitamins über das Futter notwendig. Allerdings führen sowohl eine kurzfristige, sehr hohe Gabe als auch eine langfristige geringe Überschreitung des Tagesbedarfs zu gesundheitlichen Schäden, wobei es typischerweise zu einer Verknöcherung der Halswirbelsäule mit einer Verengung des Wirbelkanals und Bewegungsstörungen kommt. Aus diesem Grund ist bei der Fütterung von Leber, die sehr reich an Vitamin A ist, Vorsicht geboten.

Mineralstoffe

Damit die Katze vital bleibt, benötigt sie eine Vielzahl von Mineralstoffen in genau der richtigen Dosierung.

Mineralstoffe sind wichtige Substanzen, die der Organismus nicht selbst herstellen kann. Da Mineralstoffe nicht organisch und meist als Ionen oder in Form anorganischer Verbindungen vorliegen, sind sie anders als einige Vitamine gegen die meisten Zubereitungsmethoden unempfindlich.

Viele Nahrungsergänzungsmittel sollen einem Nährstoffmangel mit zugesetzten Vitaminen vorbeugen.

Man unterscheidet zwischen Mengen- und Spurenelementen: Mengenelemente wie Kalzium, Phosphor, Magnesium, Natrium, Kalium und Chlor benötigt die Katze in höherer Dosierung als die Spurenelemente Eisen, Kupfer, Zink, Mangan, Jod und Selen. Zum Vergleich: Während der Kalziumbedarf einer erwachsenen Katze bei etwa 80 Milligramm pro Kilogramm Körpergewicht liegt, benötigt sie nur 0,002 Milligramm Selen pro Kilogramm Körpergewicht.

Mangelerscheinungen und Überdosierung

Damit Ihre Katze gesund bleibt, braucht sie eine Vielzahl verschiedener Nahrungsbestandteile. Sie alle sorgen nicht nur für das Wachstum des jungen Kittens und dafür, dass die erwachsene Katze ein glänzendes Fell hat, sondern auch für sekündlich ablaufende Prozesse wie einen geregelten Herzschlag, eine zeitnahe Weiterleitung von Nervenreizen, die Erneuerung von Blutzellen, das Verschließen von Wunden und die Abwehr von Infektionen.

Erhält die Katze die Nährstoffe, die sie zum Gesundbleiben benötigt, nicht oder nicht in ausreichender Menge, machen sich sogenannte

Stoff	Funktion	Mangel	Überversorgung
Biotin (Vitamin H)	Haut und Fell	Haarausfall, stumpfes Fell, Schuppen	Keine bekannt
Vitamin A	Haut, Schleimhäute, Wachstum	Nachtblindheit, Augenerkrankungen	Knochendeformation, Versteifung der Halswirbelsäule, Leberschäden
Vitamin B_1	Nervensystem	Magen-Darm-Störungen, Funktionsstörungen des Zentralnervensystems	Keine bekannt
Vitamin-B-Komplex	Haut und Fell	Trockene Haut, Haarausfall	Keine bekannt
Vitamin C	Abwehrsystem	Infektionsanfälligkeit	Wird über den Harn ausgeschieden
Vitamin D	Knochenstoffwechsel	Verminderte Knochenstabilität	Vermehrte Ablagerungen von Kalk in Organen und Gefäßen
Vitamin E	Immunsystemstärkung, Zellschutz	Trockene Haut, Haarausfall	Erhöhter Bedarf an den Vitamin A und D
Vitamin K_1	Blutgerinnung, Immunsystem, Muskulatur	Erschöpfung, verminderte Wundheilung	Keine bekannt
Folsäure	Blutbildung, Entwicklung der Föten im Mutterleib	Schädigung der Föten	Keine bekannt
Kalzium	Knochen- und Zahnbildung	Verminderte Knochenstabilität, Skelettdeformationen	Phosphormangel, Harnsteine
Phosphor	Knochenbildung	Wachstumsstörungen	Kalziummangel, Harnsteine
Magnesium	Nerven, Muskel- und Energiestoffwechsel	Herzerkrankungen	Erkrankungen der ableitenden Organe, Harnsteine

Katzen ernähren sich in der freien Natur vorwiegend von kleinen Beutetieren wie Mäusen oder Vögeln. (Foto: Fotonatur.de/Emanuel Trummer)

Mangelerscheinungen mit vielfältigen Symptomen bemerkbar. Das Gleichgewicht von Vitaminen und Mineralstoffen im Organismus ist extrem sensibel, eine Unter- oder auch Überversorgung mit einem Stoff kann auch zu einer verminderten oder vermehrten Aufnahme eines anderen Stoffs führen. So reguliert Vitamin D beispielsweise den Kalzium-Phosphor-Stoffwechsel im Darm, die B-Vitamine spielen eine erhebliche Rolle im Eiweiß- und Fettstoffwechsel. Mangelerscheinungen können entsprechend vielfältig sein. Enthält das Futter beispielsweise nicht genügend Kalzium, kann es zu Knochendeformationen kommen. Besonders wichtig ist das Kalzium-Phosphor-Verhältnis in der Katzennahrung. Beide Mineralstoffe spielen eine wichtige Rolle im Knochenstoffwechsel, ein Verhältnis von 1,1 bis 1,2 zu 1 wird als ideal angesehen. Für ausgewachsene Katzen empfiehlt sich eine Kalziummenge von 360 Milligramm pro Tag und eine Phosphoraufnahme von 300 Milligramm pro Tag.

Allerdings können die Symptome einer Mangelerscheinung vielfältig sein und schnell mit anderen Erkrankungen oder ganz normalen Vorgängen im Katzenkörper verwechselt werden. Ein typisches Beispiel ist das Auftreten von stumpfem Fell und Haarausfall. Hier kann ein Hinweis auf einen Mangel an Biotin bestehen, es kann aber auch einfach der zweimal jährliche Fellwechsel verantwortlich sein. Oft tritt übermäßiger Haarverlust auch bei einer Ernährung mit minderwertigem oder ungenügendem Protein auf.

Der Handel bietet heutzutage eine Vielzahl an Tabletten und Pülverchen, die dem Tier einfach über das Futter verabreicht werden können und drohenden sowie akuten Mangelerscheinungen entgegenwirken sollen. Besonders praktisch erscheinen auch Leckerchen mit Funktion, wie beispielsweise einem erhöhten Biotingehalt für ein glänzendes Haarkleid. Neben der Gefahr der Überversorgung ist hier zu bedenken, dass die in derartigen Futtermitteln enthaltenen Vitamine oft künstlicher Natur und deshalb für die Katze nicht gut verwertbar sind. Hinzu kommen die nicht wirksamen Inhaltsstoffe derartiger Nahrungsergänzungsprodukte: Pflanzliche Nebenerzeugnisse, undefinierbare Öle und Fette sowie Zucker gehören nicht ins Katzenfutter.

Katzenfutter nach Mutter Natur

Die bisherigen Ausführungen klingen, als müsse man eine Menge beachten, um das ideale Katzenfutter zusammenzustellen. Doch frei lebende Kleinkatzen haben keine Nährwertlisten zur Hand, wenn es an die Jagd geht. Sie wissen nicht, wie viel Kalzium und Phosphor sie benötigen und dass Vitamin D den Knochenstoffwechsel unterstützt. Dennoch haben Katzen es über Jahrtausende geschafft, sich zu ernähren und fortzupflanzen – und das ganz ohne Unterstützung des Menschen.

Die Wahl der Beutetiere hängt für wild lebende Katzen von der Größe der jeweiligen Kleinkatzenart und den geografischen Gegebenheiten ab. So ernähren sich wild lebende Hauskatzen in der Nähe menschlicher Behausungen vorwiegend von kleinen Beutetieren wie Mäusen oder Vögeln. Untersuchungen des Mageninhalts europäischer Wildkatzen haben ergeben, dass sie sich bis zu 80 Prozent von Kleinsäugern wie Mäusen ernähren. Wählerisch zu sein, können sich Wildkatzen vor allem im Herbst und Winter nicht leisten – und so landen auch schon einmal Vögel, Kaninchen oder gar Eidechsen und Insekten auf dem Speiseplan. Die afrikanische Falbkatze, entwicklungsbiologisch ein Urahne unserer Hauskatzen, sagt auch bei Spinnen und Skorpionen nicht Nein. Die Sandkatze ist in öden Wüstengebieten heimisch, hier jagt sie neben kleinen Säugetieren und Vögeln auch Schlangen mit Hieben auf den Kopf und Nackenbiss. Die asiatische Rohrkatze besiedelt unter anderem die Westküste des Kaspischen Meeres. Sie frisst neben Nagetieren auch Wasservögel, deren Küken und Eier, Schildkröten, Schlangen, Eidechsen und Fisch.

Katzen würden Mäuse wählen

In wissenschaftlichen Tests wurde herausgefunden, dass Katzen Nahrung bevorzugen, die der Zusammensetzung einer Maus entspricht. Die Forscher stellten Katzen drei Fressnäpfe zur Auswahl, die mit unterschiedlichem Futter mit einem genau vordefinierten Gehalt an den drei Hauptnährstoffen gefüllt waren. Die Katzen bevorzugten nach Angaben der Forscher eindeutig ein Menü mit 26 Gramm Protein, 9 Gramm Fett und 8 Gramm Kohlenhydraten – dies ist bis auf den höheren Kohlenhydratanteil der natürlichen Zusammensetzung einer Maus ähnlich.

Auch wenn sich ihr Lebensraum verändert hat, ist unsere Hauskatze hinsichtlich ihrer Ernährungsansprüche noch heute ein kleines Wildtier.

Doch ob nun Amphibien, Fisch oder Säugetiere auf dem Speiseplan stehen: Wild lebende Katzen sind reine Fleischfresser. Die einzigen in ihrem Nahrungsplan vertretenen pflanzlichen Stoffe bestehen aus dem Mageninhalt der Beutetiere sowie wenigen Kräutern und Grashalmen, die die Tiere zum Erbrechen von Haarballen und als Verdauungshilfe aufnehmen. Natürlich ernähren sich Wildkatzen nicht nur von reinem Muskelfleisch, sondern auch von den Innereien ihrer Beutetiere. Fell und Federn liefern Ballaststoffe. Abgesehen davon, dass eine kleine Maus gemessen am Jagdaufwand nur sehr wenig Muskelfleisch bietet, würde ein solcher Ernährungsplan rasch zu Mangelerscheinungen führen.

Einzeljäger

Etwa 12 bis 20 Kleintiere müssen pro Tag gejagt und erlegt werden, damit eine ausgewachsene Katze satt wird.
Die Beutetiere der Katze sind einfach zu klein zum Teilen, darum verwundert es nicht, dass die Nahrungsaufnahme der Katze im Gegensatz zum in Gemeinschaft jagenden Wolf keine soziale Bedeutung hat. Katzen sind sogenannte solitäre Jäger: Sie jagen und verzehren ihre Beute in der Regel allein.

Sieht gesund aus, ist aber eher für Menschen geeignet als für die Ernährung von Katzen.

Die Beutetiere der Katze enthalten bis zu 80 Prozent Feuchtigkeit, ihren Wasserbedarf deckt die wild lebende Katze also hauptsächlich durch das Futter. Das ist kein Wunder: Ihr Vorfahre, die afrikanische Falbkatze, ist ein Wüstentier mit nur seltenem Zugang zu Wasserstellen. Diese Eigenheit hat sich bis in die heimische Wohnung hinein erhalten: Auch Hauskatzen beobachtet man nur selten am Wassernapf.

Die Erkenntnisse aus der natürlichen Katzenernährung sind auch im Hinblick auf Hauskatzen wichtig. Die Katzenzucht hat durch gezielte Selektion Einfluss auf das Aussehen der Katze genommen, nicht aber auf ihre Verdauungsorgane. Aufgrund ihres kurzen Darms können Katzen pflanzliche Nahrung nur ansatzweise verdauen, Hauptbestandteil ihrer Ernährung müssen nach wie vor tierische Bestandteile sein. Reines Muskelfleisch ohne Innereien oder Ergänzungen deckt dabei den Nährstoffbedarf nicht. Das richtige Futter für die Hauskatze sollte sich darum in seiner Zusammensetzung vor allem an der Katzenernährung in der Natur orientieren – egal, ob es aus der Dose kommt, aus Frischfleisch besteht oder ob Sie Tag für Tag den Kochlöffel für Ihren Vierbeiner schwingen.

FERTIGFUTTER
Alles Gute aus der Dose?

Schon vor dem weltweiten Siegeszug von Fertiggerichten für Menschen hielt Fertigfutter für Katzen Einzug in die Supermärkte. Doch während uns durchaus bewusst ist, dass die industriell hergestellten Mahlzeiten für uns Zweibeiner auf Dauer nicht gesund sind, machen sich nur die wenigsten Katzenhalter Gedanken über den Ernährungswert des Dosen- und Trockenfutters. Zu praktisch und zeitsparend ist das in Dosen, Beuteln und Tüten verpackte Katzenmenü, das laut Herstellerangaben alles enthält, was die Katze zum Gesundbleiben benötigt.

Allerdings mehren sich auch unter Katzenhaltern die kritischen Töne, und viele bei Stubentigern verbreitete Zivilisationskrankheiten wie Diabetes, Allergien und Übergewicht werden mittlerweile mit minderwertigem Fertigfutter in Verbindung gebracht. Fertigfutter grundsätzlich zu verteufeln wäre falsch. Doch sollten auch eingefleischte Fans von Fertignahrung Wert darauf legen, dass der Napf ihrer Katze Tag für Tag mit hochwertigem Futter gefüllt wird und dieses auch wirklich alles enthält, was die Katze braucht. Sie müssen kein Experte sein, um eine Katze gesund zu ernähren. Sie müssen beim Einkauf nur ein wenig die Augen aufhalten. Das richtige Fertigfutter zu finden ist einfacher, als es die langen Regale im Tierbedarfshandel vermuten lassen – und dennoch schwerer, als es die Futtermittelindustrie verspricht.

Trocken- oder Nassfutter?

Vor der Auswahl der richtigen Futtermarke, die der Katze mundet, den Geldbeutel nicht allzu sehr strapaziert und trotzdem mit einer guten Zusammensetzung punktet, steht nun die Frage: Trocken- oder Nassfutter – oder gleich beides?

Haltbar gemacht

Ob „Häppchen mit Rind" oder „Entenragout in Gelee", ob Bioqualität oder die günstige Version aus dem Supermarkt: Jede Fertignahrung für Katzen zeichnet sich dadurch aus, dass sie nicht roh wie eine frisch gejagte Maus oder frisch gewürfeltes Fleisch vorliegt, sondern praktisch und haltbar abgefüllt in Dosen oder Schachteln daherkommt.

Um den Inhalt vor dem Verderben zu bewahren, wird er erhitzt. Leider wird ein Teil der Nährstoffe dabei zerstört, sodass zum Ausgleich künstliche Futterzusätze eingesetzt werden. Manche Futtersorten enthalten zudem Konservierungsstoffe, deren gesundheitliche Unbedenklichkeit nicht immer erwiesen ist.

Was ist wirklich in der Tüte drin?

Schon hier fängt die Verwirrung an. Die Beutetiere der Katze bestehen aus bis zu 80 Prozent Feuchtigkeit und decken in der Regel den Wasserbedarf der Katze. Frei lebende Katzen suchen deshalb nur selten eine Wasserstelle auf, genau wie ihre im Haus lebenden Artgenossen – und zwar unabhängig davon, ob das Futter schon genug Feuchtigkeit enthält oder nicht. Während die Feuchtigkeit im Nassfutter der natürlichen Katzennahrung entgegenkommt, fehlt sie bei Trockenfutter fast völlig. Die gar nicht so seltene Folge: Nieren- und Blasensteine bilden sich, da der Harn höher konzentriert ist und die Katze seltener Wasser lässt.

Ebenfalls nicht unproblematisch sind pflanzliche Bestandteile wie Kartoffeln, Erbsen oder

Glykämischer Index

Der glykämische Index (GI) ist ein Maß für die Auswirkung der Nahrung auf den Blutzuckerspiegel – je höher der Wert, desto höher der Anstieg des Blutzuckers nach Verzehr der Nahrung. Kartoffeln lassen den Blutzuckerspiegel der Katze mit einem GI von 95 weiter nach oben schnellen als Karotten (50) oder Haferflocken (50). Traubenzucker hat einen GI von 100, Milchzucker dagegen nur von 46.

Alfalfa, die selbst bei getreidefreiem Trockenfutter hinzugefügt werden müssen, um feste und haltbare Pellets zu erhalten. Trockenfutter enthält deshalb häufig bis zu 50 Prozent Kohlenhydrate – einen Nahrungsbestandteil, den die Katze nur zu einem geringen Maße benötigt und aufgrund ihres Verdauungssystems nur in geringen Mengen verwerten kann. Dies kann weitreichende Folgen haben: Katzennahrung mit Zuckerzusatz oder die Fütterung von Getreidesorten mit einem hohen glykämischen Index können das Diabetesrisiko durch eine erhöhte Insulinausschüttung begünstigen.

Auf der anderen Seite lockt die Futtermittelindustrie mit neuen Bestandteilen, die das Katzengebiss reinigen und bestimmten Harnsteinen, den sogenannten Struvitsteinen, vorbeugen sollen. So versprechen die neuen Futtersorten beispielsweise, „durch einen verringerten Gehalt an Proteinen und Mineralstoffen und die damit einhergehende Verringerung von harnpflichtigen Abbauprodukten die Nieren und harnabführenden Organe zu entlasten". Ein an-deres Zitat aus einer Produktbroschüre für Katzenfutter lautet: „Die Wasseraufnahme und -ausscheidung der Katze wird auf natürlichem Wege durch den speziell entwickelten ‚Water-Transit-Agent' unterstützt. Somit wird der Harnsteinbildung, unter Umständen daraus entstehenden Nierenschäden, vorgebeugt." Klingt gut, oder?

Wer sich die Nahrungsbedürfnisse der Katze anschaut, weiß, dass Proteine den Hauptbestandteil der Katzenernährung stellen sollten und dass kein Trockenfutter der Welt einen Wassergehalt von 80 Prozent liefern kann. Selbst bei Katzen ohne Nierenprobleme belastet Trockenfutter die ausscheidenden Organe deshalb erheblich.

Darüber, ob die harten Kroketten das Katzengebiss trainieren und säubern, streiten sich die Experten. Auch hier hat die Futtermittelindustrie wichtige Futterbestandteile im Gepäck: Spezialfutter mit zahnreinigender Wirkung soll Zahnbelag mit einzigartigen, speziell zusammengesetzten Futterbrocken entfernen und Mundgeruch verschwinden lassen. Der Nachteil: Die oft patentierten Futterbestandteile bestehen meistens aus Kohlenhydraten – für die Katze nur im geringen Maße verwertbar. Auch das oft von Tierärzten geäußerte Argument: „Dann muss die Katze mal richtig kauen", läuft ins Leere: Das Kiefergelenk von Katzen wirkt wie ein Scharnier und ist zu Kaubewegungen wie beim Menschen nicht geschaffen. Stattdessen zerschneiden Katzen vor allem mit ihren spitzen Eckzähnen die Nahrung in schluckgerechte Stücke.

Richtig ist, dass größere Trockenfutterbrocken in jedem Fall besser sind als kleine – und dass Trockenfutter mit hochwertigen Proteinquellen und nur wenigen Kohlenhydraten einem minderwertigen Dosenfutter, das neben hoch dosierten Kohlenhydraten und Nebenerzeugnissen auch noch Zucker enthält, vorzuziehen ist. Die bessere Lösung ist aber immer noch hochwertiges Nassfutter. Doch wie findet man dieses?

Die Suche nach dem richtigen Fertigfutter stellt auch den erfahrenen Katzenhalter vor eine große Herausforderung. Der Markt rund ums Katzenfutter ist mittlerweile so groß und die Versprechungen der Katzenfutterindustrie sind so geschickt, dass die Suche nach der optimalen Fertignahrung für die Katze oft zu einer wahren Wissenschaft ausartet. Im nachfolgenden Kapitel finden Sie einige Tipps, wie und wo Sie gesundes, artgerechtes und dennoch nicht zu teures Futter für Ihren Vierbeiner auftreiben.

Futteretiketten analysieren – muss das sein?

Futteretiketten sehen auf den ersten Blick verwirrend aus, lassen sich aber mit ein wenig Hintergrundwissen leicht entschlüsseln.

Zwar landen immer mehr hochwertige Futtersorten in den Regalen, doch die minderwertigen Varianten stehen ihnen in nichts nach. Am Preis kann man die Qualität der Katzennahrung schon lange nicht mehr festmachen. Katzenfreunden bleibt so oft nichts anderes übrig, als die Rückseite der bunten Schalen, Beutel und Dosen aufs Genaueste zu studieren. Doch keine Bange: Wer

wichtige Eckdaten kennt, kann gutes Futter schon auf den ersten (oder zweiten) Blick von schlechter Katzennahrung unterscheiden.

Die einfachste Angabe auf der Katzenfutterdose ist, ob es sich um ein Allein- oder Ergänzungsfuttermittel handelt. Alleinfuttermittel enthalten per definitionem alles, was eine Katze zum Gesundbleiben braucht: die drei grundlegenden Nährstoffe Eiweiß, Fette und Kohlenhydrate sowie Mineralstoffe, Vitamine, Taurin und weitere Vitalstoffe. Laut Futtermittelverordnung dürfen nur Futtermittel mit einem ausreichenden Anteil an Vitaminen und Mineralstoffen als Alleinfutter bezeichnet werden. Ergänzungsfuttermittel sind, wie der Name verrät, nur als „Ergänzung" gedacht. Ihnen sind in den meisten Fällen Nährstoffe nicht in ausreichender Menge oder nicht in einem ausgewogenen Verhältnis stehend zugesetzt. Zwar lieben viele Katzen die kleinen Ergänzungsfutterdosen mit Fisch oder Fleisch in Gelee, den Nährstoffbedarf decken diese aber nicht und führen auf Dauer zu Mangelerscheinungen.

Wissen, was drinsteckt

Auch der zweite Blick sollte nicht nur der süßen Katze auf dem Etikett gelten, sondern der Zusammensetzung, in der die Futterbestandteile nach absteigender Menge sortiert sind. Die zuerst genannte Zutat ist also am meisten enthalten. Bei einem hochwertigen Katzenfutter darf aus diesem Grund an erster Stelle nur eins stehen: Fleisch. Doch das hört sich selbstverständlicher an, als es ist.

Das Gesetz lässt den Futterherstellern jede Menge Spielraum. So können diese zwischen offener und geschlossener Deklaration wählen. In der offenen Deklaration muss jede Zutat, ob

---

Vorsicht bei Mengenempfehlungen

Die empfohlenen Futtermengen auf der Packung sind in den meisten Fällen zu hoch und orientieren sich nicht am tatsächlichen Bedarf Ihrer Katze. Dieser kann je nach Rasse, Alter und Aktivitätslevel deutlich variieren. An einer eigenen Berechnung kommen Sie deshalb nicht vorbei (siehe ab Seite 65).

Nicht immer ist das Futter, das am besten schmeckt, auch das beste für die Katze.

Fleisch, Getreide oder Nebenerzeugnis, einzeln aufgeführt werden, beispielsweise so: Hühnchenfilet, gemahlener Reis, tierische Fette, Maiskleber, Proteinhydrolysat, Kaliumchlorid, Fischöl, Salz, Taurin, Vitamine und Spurenelemente. Hier legt der Hersteller alles offen, was im Futter enthalten ist – bis zur kleinsten Zutat. Der Vorteil für den Käufer: Jede Zutat wird genannt, die Zusammensetzung und hiermit auch die Qualität des Futters erscheinen transparent. Halter von allergischen Katzen können genau bestimmen, ob dieses Futtermittel für ihren vierbeinigen Freund geeignet ist oder nicht. Der Nachteil: Werden pflanzliche Bestandteile aus genügend verschiedenen Zutaten zusammengesetzt,

Ehrliche Trockensubstanz

Auf der sicheren Seite sind Katzenfreunde, wenn der Fleischgehalt von Trockenfutter ebenfalls als Trockensubstanz angegeben wird. Zwar hört sich „Frisches Fleisch" gesünder und natürlicher an, nach Entzug des Wassers und der Verarbeitung zu Trockenfutter bleibt aber ganz schnell nur noch ein Bruchteil übrig und der angebliche Hauptbestandteil rutscht an das Ende der Zutatenliste.

rutschen die jeweiligen Angaben an das Ende der Zutatenliste. Das gilt auch dann, wenn sie zusammengenommen den Fleischbestandteil überrunden würden.

Immer mehr Hersteller gehen dazu über, die Zusammensetzung in der geschlossenen Deklaration anzugeben. Hier können die Zutaten je nach Art zusammengefasst werden – Hafer und Weizen sowie Hirse gelten als Getreide, jegliche Fleischerzeugnisse können ebenfalls summiert werden. Das muss nicht unbedingt ein Nachteil sein. Besteht ein Futter aus vielen verschiedenen Getreidesorten, werden sie hier zu „Getreide" zusammengefasst und stehen gegebenenfalls am Anfang der Deklaration, was für den Katzenhalter ersichtlich macht, dass vor allem Getreide in dem Futter steckt. Die geschlossene Deklaration eines Trockenfuttermittels könnte zum Beispiel lauten: pflanzliche Nebenerzeugnisse, Getreide, Fleisch und tierische Nebenerzeugnisse, Mineralstoffe, Milch und Molkereierzeugnisse, Öle und Fette. Hier wird ganz deutlich, dass die Hauptzutat des Futtermittels pflanzliche Nebenerzeugnisse sind und nicht, wie vorn auf der Packung versprochen, „Rind und gesunde Cerealien". Der Nachteil dieser Deklaration: Sie ist sehr viel ungenauer als die offene Deklaration.

Was auf dem Etikett stehen sollte – und was nicht

Fleisch

Fleisch sollte an der ersten Stelle der Inhaltsliste stehen. Doch wer kennt schon den Unterschied zwischen Geflügelfleischmehl, Huhn, Hühner-

---

Deklaration nach Lust und Laune

Kein Gesetz legt fest, was die Industrie auf der Packungsaufschrift versprechen darf, solange eine Deklaration der Inhaltsstoffe nach der Futtermittelverordnung vorgenommen wird. „Putenfiletstreifen in Kräuter-Käse-Soße" hört sich gut an – hier glauben die wenigsten Katzenfreunde, dass die leckere Kreation vor allem aus tierischen Nebenerzeugnissen besteht.

Zwar ist im Herbst 2011 eine Neuerung für die EU-Futtermittel-Verordnung in Kraft getreten, die für mehr Transparenz sorgen soll. Konkrete Änderungen: Rohprotein wird zu Protein, Rohfett zu Fettgehalt und Rohasche heißt nun „anorganische Stoffe". Nach wie vor ist jedoch eine Gruppendeklaration von Farbstoffen, Antioxidanzien und Konservierungsstoffen möglich.

Zusammensetzung eines guten Katzenfutters

- Fleisch steht an der ersten Stelle der Zutatenliste, möglichst mit Prozent- und Sortenangabe.
- Fleisch ist bei Trockenfutter in getrockneter Form angegeben.
- Pflanzliche Bestandteile wie Getreide und Gemüse werden exakt spezifiziert.
- Nebenerzeugnisse sind entweder nicht enthalten oder extra aufgelistet.
- Es gibt keine weiteren undefinierten Inhaltsstoffe wie Fette oder Bäckereinebenerzeugnisse.

Auch wenn es nicht so aussieht: In der Dose steckt unter Umständen jede Menge Getreide.

Nebenprodukte des Schlachttiers enthalten sind. Natürlich lässt sich diese Unterscheidung auch auf Lamm, Rind, Kaninchen und alle anderen Fleischsorten im Katzenfutter übertragen.

Fleisch und tierische Nebenerzeugnisse

Diese Angabe ist auf fast jeder Katzenfutterverpackung zu finden. Doch was ist damit genau gemeint? Schade ich meiner Katze damit oder sind die Nebenerzeugnisse eine gute Ergänzung zum Muskelfleisch? Der Begriff bedeutet, dass neben reinem Muskelfleisch auch sämtliche Neben- und Abfallprodukte wie Organe, Federn und Sehnen enthalten sind. Hier ist Vorsicht geboten: Zwar führt die Fütterung von reinem Muskelfleisch zu Mangelerscheinungen, doch auf der anderen Seite sind nicht alle Innereien und vor allem Abfallprodukte wie Horn und Fell gut verwertbar für die Katze und werden oft als minderwertiger Proteinbestandteil eingesetzt.

fleisch und Geflügelmehl? „Huhn" und „Hühnerfleisch" bezieht sich auf die ungetrocknete Masse, die Zutaten mit „-mehl" sind schon getrocknet und zerkleinert. Das gilt auch für „getrocknetes" oder „dehydriertes" Huhn. „Hühnerfleisch" bezeichnet ausschließlich Muskelfleisch, „Huhn" bedeutet, dass neben Muskelfleisch auch alle

Diese Substanzen lassen den prozentualen Proteinbestandteil des Futters nach oben schnellen, ohne gut verwertbar zu sein. Ein gutes Futter erkennt man deshalb auch daran, dass es die enthaltenen Nebenerzeugnisse genau auflistet. Nicht alle Nebenprodukte sind unbrauchbar für den Organismus der Katze. Aber auch bei hochwertigen Innereien wie Magen und Herz sollten diese nicht den Großteil der Inhaltsstoffe stellen. Ebenso ist ein hoher Anteil an Leber mit Vorsicht zu genießen: Leberfleisch enthält zwar viele Vitamine und Mineralstoffe, als Entgiftungsorgan des Körpers aber auch einige schädliche Substanzen.

Analyse

Neben den Inhaltsstoffen wird auf vielen Futtermitteletiketten die sogenannte „garantierte

Fleisch sollte auch bei Fertigfutter den größten Nahrungsbestandteil ausmachen.

Manchmal sieht man auf den ersten Blick, was drinsteckt – und manchmal nicht.

Analyse" angegeben. Es handelt sich um eine quantitative chemische Analyse der im Futter enthaltenen Stoffe. In den meisten Fällen finden Sie Prozentangaben zu Rohprotein, Rohfett, Rohasche, Rohfaser und Feuchtigkeit, manchmal auch Angaben zu Vitamin- und Mineralstoffgehalt. Dem Katzenhalter gibt die Analyse die Möglichkeit, den Gehalt von Protein, Fett und Kohlenhydraten einzuordnen, mit der Zusammensetzung der natürlichen Katzennahrung (Maus) oder anderen Katzenfuttersorten zu vergleichen und so die Qualität des Futters zu bewerten. Als Richtwert gilt: Gutes Katzenfutter enthält etwa 50 bis 60 Prozent Eiweiß und 20 bis 30 Prozent Fett. Der Anteil von Kohlenhydraten, abschätzbar durch die Angabe der Rohfaser, sollte maximal 5 Prozent betragen.

Etikettenschwindel?

Sie sollten nun genügend Rüstzeug haben, um den blumigen Beschreibungen der Katzenfutterhersteller auf die Schliche zu kommen. Beispielhaft sind auf Seite 31 die Inhaltsstofflisten von je zwei verschiedenen Trocken- und Nassfuttersorten aufgeführt und bewertet. Sie sehen: So schwer ist es gar nicht, die Tricks der Futtermittelindustrie zu enttarnen.

Rezepturänderungen: Wenn's plötzlich nicht mehr schmeckt

Katzen sind Feinschmecker. Das kann jeder bestätigen, der einmal versucht hat, seinem Vierbeiner eine Entwurmungstablette oder auch nur Spuren eines Medikaments unter das Futter zu mischen. Mit ihrem bestens ausgeprägten Geschmackssinn können Katzen detektivisch kleinste Änderungen an ihrem gewohnten Speiseplan erkennen und machen mit Vorliebe von ihrem Verweigerungsrecht Gebrauch.

Haben Sie aber keinerlei Pulver, Nahrungsergänzungsmittel oder Wurmkuren unter das Lieblingsfutter Ihres Stubentigers gemischt und verweigert er dieses trotzdem, lohnt sich ein Blick auf die Packung. Hat sich eventuell die Zusammensetzung des gewohnten Futters geändert? Das passiert öfter als gedacht: Laut Gesetz dürfen Tierfutterhersteller Rezeptur und Verpackung ihres Produktes jederzeit ändern, ohne den Verbraucher davon in Kenntnis zu setzen.

Oft werden die Rezepturänderungen aber zu Marketingzwecken genutzt. Horchen Sie also auf, sobald das von Ihnen gekaufte Futter plötzlich in einem völlig neuen Packungsdesign erstrahlt, sich der Preis und die Packungsgröße ändern oder

Schmeckt nicht gibt's nicht? Von wegen!

Beispiele von Inhaltsstofflisten

Nassfutter 1

Hühnerfleischmehl, Vollkornreis, Reis, Vollkorngerste, geschrotet, Erbsen, Hirse, Hühnerfett (stabilisiert mit gemischten Tocopherolen, Vitamin E), Truthahnfleischmehl, Lammfleischmehl, Eier, natürliche Aromastoffe, Leinsamen, Meeresfischmehl, Kaliumchlorid, Cholinchloride, Methionin, Taurin, sonnengetrocknetes Alfalfa, gemahlen, Lezithin, Salbei, Cranberries, Rosmarin, Sonnenblumenöl, Prebiotika, Vitamine, Mineralstoffe

Bewertung:

Die Futterbestandteile wurden in der offenen Deklaration angegeben. Der Katzenhalter kann die Fleisch- und Getreidebestandteile also genau einordnen und weiß auch, dass dem Futter Kräuter und Früchte hinzugefügt sind, gegen die seine Katze allergisch sein könnte.

Nassfutter 2

Fleisch und tierische Nebenerzeugnisse (mind. 4 % Truthahn), Getreide, pflanzliche Eiweißextrakte, Mineralstoffe

Bewertung:

Die geschlossene Deklaration verrät dem Katzenhalter nicht viel über die genaue Herkunft des Bestandteils „Fleisch und tierische Nebenerzeugnisse". Er weiß, dass mindestens 4 Prozent dieses Blocks aus Truthahn bestehen – ob es sich aber um Truthahnfleisch oder -federn handelt, bleibt verborgen. In der offenen Deklaration würden die einzelnen Bestandteile vermutlich an das Ende der Zutatenliste geraten. Als „Fleisch und tierische Nebenerzeugnisse" zusammengefasst stellen sie aber den größten Futterbestandteil. Ähnliches gilt für den Bestandteil „Getreide": Handelt es sich um Gerste, um Weizen oder Reis? Auch die Herkunft der „pflanzlichen Eiweißextrakte" ist unklar.

Trockenfutter 1

Hühnerfleischmehl, Vollkornreis, Vollkorngerste, geschrotet, Erbsen, Hirse, Hühnerfett (stabilisiert mit gemischten Tocopherolen, Vitamin E), Truthahnfleischmehl, Kartoffeln, Lammfleischmehl, Eier, natürliche Aromastoffe, Leinsamen, Meeresfischmehl, Kaliumchlorid, Cholinchloride, dl-Methionin, Taurin, sonnengetrocknetes Alfalfa, gemahlen, Zichoriepulver, Lezithin, Salbei, Cranberries, Rosmarin, Sonnenblumenöl, Yucca-schidigera-Extrakt, Vitamine, Mineralstoffe, Papaya, Ananas

Bewertung:

Auch hier sehen wir wieder die Vorteile der offenen Deklaration: Jeder Inhaltsstoff ist genau aufgeschlüsselt, auch kleinste Bestandteile werden angegeben. Der Tierhalter kann potenzielle Allergieauslöser so gleich identifizieren.

Trockenfutter 2

Pflanzliche Nebenerzeugnisse, Getreide, Fleisch und tierische Nebenerzeugnisse, Fisch und Fischerzeugnisse, Öle und Fette, Mineralstoffe

Bewertung:

Dieses Futter fasst die Bestandteile in der geschlossenen Deklaration zusammen. Was beim Nassfutter 2 zu einem hohen Bestandteil an „Fleisch und tierischen Nebenerzeugnissen" führt, enthüllt hier die volle Wahrheit: Pflanzliche Nebenerzeugnisse stellen den Großteil der Inhaltsstoffe, gefolgt von Getreide.

Was nicht ins Katzenfutter gehört

Neben all den Inhaltsstoffen, die die Katze zum Gesundbleiben benötigt, gibt es eine lange Liste an Zutaten, die keinen Sinn verfolgen oder sogar schädlich für die Gesundheit Ihres Vierbeiners sein können. Hierzu gehören:

Farbstoffe und Geschmacksverstärker
Sie erhöhen die Akzeptanz der Futtersorte, haben aber keinerlei Nährwert für die Katze. Besonders beliebt und billig ist Zucker, der in der Zusammensetzung oft auch als „Karamell" oder „Dextrose" auftaucht. Finger weg von Futter und Leckerli mit Zuckerzusatz! Er erhöht das Risiko für Diabetes und Erkrankungen der Bauchspeicheldrüse erheblich.

Chemische Konservierungsstoffe und Antioxidanzien
Sie verhindern das Ranzigwerden von Fett und werden dem Futter zugesetzt, um eine längere Haltbarkeit zu erreichen. Zu den chemischen Konservierungsstoffen gehören Natriumsulfat, -bisulfat und -nitrit, Ethoxyquin (E 324), Butylhydroxanisol (BHA oder E 320), Butylhydroxytoluol (BHT oder E 321) und Propylgallate. Diese Stoffe haben unterschiedliche, meistens unerwünschte Nebenwirkungen. Besser sind natürliche Konservierungsstoffe wie Vitamin C und E, die allerdings auch oft chemisch hergestellt werden.

Digest
Hierbei handelt es sich um eine durch den Aufschluss von tierischen Nebenprodukten chemisch hergestellte Flüssigkeit, die die Akzeptanz der Nahrung erhöht und darum gern auf Trockenfutter aufgesprüht wird. Um den Aufschlüsselungsprozess während der Herstellung zu stoppen, wird dem Digest Phosphorsäure hinzugegeben. Diese erhöht aber die weitere Säureaufnahme aus dem Katzenfutter in den Körper und kann so dauerhaft zu einer Übersäuerung des Harns und der Entstehung von Nierensteinen führen.

Knochenmehl und undefinierte Fette, Grieben
Hinter diesen Begriffen versteckt sich häufig nur billiger Abfall aus Tierkörperbeseitigungsanstalten. Derartige Nebenerzeugnisse sind vom Katzenkörper nur schlecht verwertbar und belasten die ausscheidenden Organe wie Nieren und Leber.

Pflanzliche Inhaltsstoffe
Diese sind auch in vielen ausgewogenen Katzenfuttersorten enthalten, sollten aber nicht mehr als 5 bis maximal 10 Prozent des Futters ausmachen. Zu den pflanzlichen Inhaltsstoffen gehören beispielsweise Getreide, Zellulose, Cerealien, Eiweißextrakte, Kleie, Kleber und Bäckereierzeugnisse, in denen auch Zucker enthalten sein kann.

mit einer verbesserten Rezeptur geworben wird. Meistens stecken wirtschaftliche Gründe dahinter, zum Beispiel neue Einkaufspreise der Rohstoffe. Das kann, muss aber nicht zum Nachteil Ihrer Katze sein. Ein höherer Fleischanteil ist sicherlich optimal. Wenn aber Zucker als „Karamell" deklariert neu in der Zutatenliste erscheint, profitiert Ihre Katze davon nicht.

Doch was tun, wenn sich die Zusammensetzung des Futters geändert hat und keine der alternativ angebotenen Futtersorten von der Katze akzeptiert wird? Abgesehen vom Abklappern alter Restbestände bleibt Ihnen hier leider nur, Ihre Katze mit aller Konsequenz auf ein anderes Futter umzustellen oder aber an die veränderte Rezeptur zu gewöhnen. Da Rezepturänderungen häufig vorkommen oder Futtersorten oft irgendwann vom Markt verschwinden, sollten Sie Ihren Vierbeiner am besten gleich an verschiedene Sorten verschiedener Hersteller gewöhnen, um bei Bedarf Möglichkeiten zum Ausweichen zu haben.

Es ist leichter gesagt als getan, den bettelnden Katzenaugen zu widerstehen und nicht fünf verschiedene Sorten Fischfilet anzubieten, damit der Vierbeiner wenigstens etwas zu sich nimmt. Doch nur so vermeiden Sie, dass aus Ihrer Katze ein Suppenkasper wird. Tipps zum Ausprobieren einer neuen Futtersorte oder zur Umstellung des Futters finden Sie auch auf Seite 61.

Vegetarische Katzenernährung

Unter den Menschen gibt es Vegetarier aus ideologischen Gründen oder weil ihnen Fleisch nicht schmeckt. Für die Katze ist vegetarische Ernährung etwas Unfreiwilliges, die Entscheidung für eine fleischlose Katzenkost trifft ausschließlich

Manche pflanzliche Kost mag interessant sein – als alleinige Katzenfutterzutat taugt sie keineswegs.

der Mensch. Dabei spielt es kaum noch eine Rolle, ob es sich um eine vegetarische (fleischlose) oder vegane (Verzicht auf alle tierischen Produkte) Katzenernährung handelt. Für das Raubtier Katze ist eine Ernährung ohne tierisches Protein mehr als unnatürlich. Dennoch gibt es mittlerweile sogar Dosenfuttersorten, die ganz ohne Fleischzutaten auskommen und vom Hersteller als „gesund und vollwertig" angepriesen werden, weswegen die vegetarische Katzenernährung auch in diesem Buch angesprochen wird.

„Wasser, Kartoffeln, Karotten, Hafergrütze, Sonnenblumenöl, Erbsen, Naturreis, Tomaten, Avocados, Blaubeeren, Cranberries, getrocknete Bierhefe, Taurin" – liest man eine solche Zusammensetzung, denkt man sicherlich nicht an die Zutaten in Futter für den Fleischfresser Katze. Und doch versprechen die Hersteller von vegetarischem Katzenfutter, dass diese Art der Ernährung artgerecht sei. In Futterprospekten ist von einem Katzenfutter die Rede, das in Verträglichkeit mit der Natur hergestellt wird, ohne anderen

Schwarz auf weiß: Das Lieblingsfutter meiner Katze

Gehen Sie auf Nummer sicher und spüren Sie potenzielle Rezepturänderungen auf.
Das geht am leichtesten, wenn Sie die Zusammensetzung des aktuellen Lieblingsfutters
Ihrer Katze notieren:

Name:

Hersteller:

Zusammensetzung:

Analyse:

Datum:

Name:

Hersteller:

Zusammensetzung:

Analyse:

Datum:

Name:

Hersteller:

Zusammensetzung:

Analyse:

Datum:

Wer das Beste für seine Katze möchte, kann mit ein wenig Umsicht und Wissen beim Einkauf die guten Produkte aufspüren.

Tieren Leid zuzufügen. Die dazugehörigen Analysen zeigen oft einen angeblich ausreichenden Proteinanteil und alle Nährstoffe, die in der Katzenernährung vorkommen sollten. Wie kann das sein?

Vegetarischem Katzenfutter werden Nährstoffe, die die Katze nicht aus der pflanzlichen Kost gewinnen kann, synthetisch hinzugefügt. So wird Soja als Lieferant hochwertigen Proteins eingesetzt. Was viele Katzenhalter vergessen: Tierische Proteine sind für die Katze hochwertiger als pflanzliche Proteine. Sojaprotein ist zwar im Gegensatz zu anderen pflanzlichen Bestandteilen auch für Katzen hochverdaulich, verändert aber den pH-Wert des Katzenurins ins Basische. Die Folge können Nieren- und Harnsteine sein. Übrigens: Es gibt keinerlei Langzeitstudien zur Katzenernährung ohne Fleisch.

Eine vegetarische oder gar vegane Katzenernährung ist deshalb keinesfalls artgerecht für die Katze, die als Fleischfresser auf hochwertiges tierisches Protein angewiesen ist. Für Katzenhalter, denen das Wohl der fleischliefernden Tiere am Herzen liegt, ist Fleisch aus ökologischer Erzeugung eine gute Alternative. Mittlerweile gibt es viele hochwertige Fertigfuttersorten in Bioqualität, die die Katze katzengerecht versorgen und zudem die artgerechte Haltung der Schlachttiere gewährleisten.

Fazit

Sie haben sich nach dem Lesen dieses Kapitels schon innerlich von der einfachen Lösung, Ihre Katze mit Fertignahrung zu ernähren, abgewandt? Nun, dann habe ich Sie wenigstens aufgerüttelt und dazu gebracht, einmal genauer über die Ernährung Ihrer Samtpfote nachzudenken. Dennoch kann ich Sie beruhigen: Nur weil Sie Ihre Katze aus der Dose ernähren, sind Sie kein schlechter Katzenhalter. Es gibt vielleicht noch nicht so viele hochwertige Futtersorten wie minderwertige, doch es gibt sie: Katzenfutterdosen mit qualitativ hochwertigen Inhaltsstoffen, die alles enthalten, was Ihr Vierbeiner benötigt und dabei noch finanziell tragbar sind. Mittlerweile sind diese nicht mehr nur in kleinen Online-Futtershops zu finden, sondern auch im regulären Tierfachhandel.

Die Auswahl des richtigen Fertigfutters ist zwar kein Kinderspiel, besteht aber aus wenigen, einfach anzuwendenden Regeln. Schauen Sie bei Ihrem nächsten Besuch am Tierfutterregal genau auf die Futteretiketten – Sie werden feststellen, dass das bekannteste Futter nicht immer das beste und nicht jedes Futter im mittleren Preissegment schlecht ist.

ROHFÜTTERUNG
Natur pur im Futternapf?

Wer sich über verschiedene Fütterungsmethoden für seine Katze informiert, kommt am sogenannten „Barfen" kaum vorbei. Doch was verbirgt sich hinter der Abkürzung BARF überhaupt?

BARF ist die Abkürzung für den englischen Ausdruck „Biologically Appropriate Raw Food", übersetzbar mit „Biologisch artgerechte Rohfütterung". Der Gedanke hinter dieser Fütterungsmethode ist denkbar einfach: Die Katze soll mithilfe roher Futterbestandteile so ernährt werden, wie die Natur es vorsieht. Mit genau kalkulierten Fleisch- und Ballaststoffportionen sowie künstlichen oder natürlichen Vitamin- und Mineralstoffergänzungen wird das natürliche Futter der Katze, die Maus, nachgebaut. Die Rohfütterung unterscheidet sich vom Aufwand her kaum vom Selbstkochen, allerdings werden alle Futterbestandteile hier roh gegeben und nicht vor dem Verfüttern gekocht.

Wir bauen eine Maus

Rohfütterung ist erst seit wenigen Jahren salonfähig, bis zum Erscheinen der ersten Grundlagenwerke zu dieser Fütterungsmethode hat es noch etwas länger gedauert. Auch wenn die Rohfütterung eigentlich steinalt ist, kommen bei allem Enthusiasmus immer wieder Zweifel

auf: Kann man eine Katze wirklich mit selbst zusammengestellten Futterportionen artgerecht ernähren? Was ist mit Mangelerscheinungen oder Krankheitserregern im rohen Fleisch?

Rohfütterung sollte auf keinen Fall ausschließlich in der Fütterung von Muskelfleisch bestehen. Keine Maus besteht nur aus feinen Muskeln und die Katze benötigt auch Innereien und Knochen, um gesund zu bleiben. Selbst der oft mitverspeiste Mageninhalt der Beutetiere gehört zum Nahrungsspektrum der Katze. Ein kleines Rechenbeispiel: Das durchschnittliche Beutetier der Katze besteht, wenn man die reine Trockensubstanz (also ohne Wassergehalt) zugrunde legt, aus etwa 50 Prozent reinem Muskelfleisch. Den Rest machen Bindegewebe, Kno-

Ziel der Rohfütterung ist es, die natürliche Nahrung der Katze möglichst exakt „nachzubauen". (Foto: Fotonatur.de/Holger Duty)

Ist die Umstellungsphase geschafft, sind gebarfte Katzen meist sehr gute Esser.

chen und Innereien, Fett, Blut sowie der Inhalt des Verdauungstraktes, Fell und Federn aus. Dass der Katze eine ganze Menge fehlen würde, wenn sie nur feines Muskelfleisch zu fressen bekäme, scheint jetzt viel verständlicher.

Innerhalb der Rohfütterung gibt es verschiedene Richtungen und Methoden, die Sie sich aber alle grundsätzlich in der Form eines kleinen Baukastens vorstellen können. Die Fragestellung ist bei allen Methoden die gleiche: Wie baue ich möglichst realistisch die natürliche Nahrungsquelle der Katze nach? Die Antwort unterscheidet sich geringfügig je nach Philosophie. Zu den rund 50 Prozent Muskelfleisch kommen in den meisten Fällen wie beim „klassischen" Rohfüttern etwa 10 Prozent Innereien, bis zu 5 Prozent pflanzliche Kost und Feuchtigkeit.

Genau berechnete Vitamin- und Mineralstoffzusätze sorgen dafür, dass keine Mangelerscheinungen entstehen.

Bei der naturnahen Ernährung bemüht man sich, auf künstliche Zusätze zu verzichten, und ersetzt diese durch natürliche Supplemente wie Innereien, Kräuter, Ei oder spezielle Gemüsesorten. Mittlerweile gibt es auch Fertigsupplemente, die zu reinem Muskelfleisch dazugegeben werden und alles enthalten sollen, was die Katze benötigt. Ganz Unerschrockene füttern sogar ganze, tiefgefroren erhältliche Eintagsküken oder Futtermäuse.

Wer seine Katze nicht ausschließlich mit Rohfleisch ernähren will, kann die einfachere Methode des Teilbarfens wählen: Bis zu 20 Prozent der wöchentlichen Futtermenge können durch Rohfleisch ersetzt werden, daneben muss ein hochwertiges Alleinfuttermittel gefüttert werden. Der vorherrschenden Meinung nach ist bei dieser Menge keine aufwendige Berechnung der notwendigen Nährstoffergänzung notwendig.

Hauptzutat: Fleisch

Die Katze ist als Fleischfresser auf tierische Proteine angewiesen. Den Hauptteil der Nahrung sollte so bei jeder Fütterungsmethode Fleisch stellen – egal, ob es sich als Zutat im Fertigfutter, bei der Rohfütterung oder beim Selbstkochen wiederfindet.

Die für die Katze optimal artgerechten Fleischhappen würden wohl aus Maus und Vogel bestehen. Im industriellen Maßstab ist das nicht realisierbar, weswegen sowohl beim Fertigfutter als auch bei der Rohfütterung vor allem auf Geflügel- und Rindfleisch zurückgegriffen wird. Natürlich können Sie Ihrer Katze auch Schaf-, Ziegen- und Pferdefleisch sowie Wild füttern.

Dabei kann bei der Rohfütterung nahezu jede Fleischsorte gereicht werden, die der Katze schmeckt. Das rote Rindfleisch ist reich an hochwertigen Proteinen und je nach Alter und Haltungsbedingungen der Schlachttiere saftig bis trocken. Wie die meisten Geflügelfleischsorten sind Puten- und Hühnerfleisch relativ fettarm. Entenfleisch dagegen ist etwas fettiger, was auch für Gänsefleisch mit einem durchschnittlichen Fettgehalt von fast 30 Prozent gilt.

Abstand sollten Sie von Schweinefleisch nehmen, das bei roher Verfütterung zur Aujeszkyschen Krankheit führen kann. Betroffene Katzen zeigen tollwutähnliche Symptome mit Wesensänderung, Unruhe oder Angst, Schluckbeschwerden und Appetitlosigkeit. Später kommt es unter anderem zu Zuckungen und Lähmungserscheinungen, bevor innerhalb von 24 bis 28 Stunden der Tod eintritt.

Viele Katzen lieben Fisch, der eine gute Ergänzung zu ausschließlichen Fleischportionen darstellt. Ganz nach Vorliebe dürfen Sie auf Thunfisch, Lachs, Kabeljau, Scholle, Zander, Forelle und jede andere Fischart zurückgreifen – allerdings jeweils nur in Maßen: Viele Fischsorten enthalten Thiaminase, ein Vitamin-B_1-spaltendes Enzym. Lachs ist zudem sehr reich an Vitamin D_3, Thunfisch gilt als mit Schwermetallen belastet. Bei reiner Rohfütterung sollten Sie Ihrer Katze maximal zweimal pro Woche eine kleine Portion Fisch anbieten.

Nahrungsergänzung durch Supplemente

Das Gesamtpaket aus Muskelfleisch, Innereien, Knochen, Sehnen und Federn oder Haaren im Beutetier der Katze sorgt dafür, dass wild lebende Katzen alle wichtigen Nährstoffe erhalten.

Futterzusätze, die es zum Beispiel in Pulverform gibt, gehören zur vollwertigen BARF-Mahlzeit.

Bei der durch den Katzenhalter „improvisierten" Maus muss mit Vitamin- und Mineralstoffsupplementen nachgeholfen werden. Je nach BARF-Philosophie werden diese in natürlicher oder künstlicher Form oder ganz und gar natürlich als Ei und Eierschalen, Knochen, Honig und Ähnliches hinzugefügt: Anstatt Knochen erhält die Katze durch Kalziumpräparate oder zerstoßene Eierschalen Kalzium, Natursalze versorgen sie mit Mineralien, die die Katze sonst mit dem Blut der Beutetiere aufnehmen würde.

Der Tagesbedarf an Rohfleisch beträgt 3 Prozent des idealen Körpergewichts der Katze, kann aber je nach Futterzustand, Alter, Aktivitätsniveau und eventuellen Krankheiten angepasst werden. Dementsprechend berechnet sich auch die Menge der Futterzusätze. Mancher Verfechter des Barfens wiegt grammgenau ab, der andere geht eher „Pi mal Daumen" vor. Exakte Kalkulatoren im Internet erleichtern das Berechnen der einzelnen Nährstoffe. Möchten Sie ernsthaft in die Rohfütterungsthematik einsteigen, empfehle ich Ihnen dringend entsprechende Fachliteratur (siehe die Tipps auf Seite 77).

Möchten Sie Ihrer Katze das erste Mal Rohfleisch anbieten und füttern Sie weniger als 20 Prozent der wöchentlichen Futtermenge in Form von Rohfleisch, können Sie auf Supplemente verzichten. Bei den fertigen Mischungen im Handel, die das langwierige Abwiegen und genaue Berechnen unnötig machen, ist Vorsicht geboten: Der Markt ist groß und nur wenige Fertigmischungen sind tatsächlich Vollsupplemente. Wer also meint, einfach ein Pulver zum Muskelfleisch rühren zu müssen, um das perfekte Katzenfutter zu erhalten, täuscht sich. Oft müssen die Mischungen durch einen prozentualen Anteil von

Küchenwaage, Schüsseln, scharfe Messer und ein robustes Schneidebrett gehören zur unverzichtbaren Küchenausstattung beim Barfen.

Innereien oder weiteren Vitaminen und Mineralien ergänzt werden.

Grundsätzlich gilt, dass natürliche Zusätze deutlich besser vom Organismus resorbiert werden können als synthetische Supplemente. Forscher fanden heraus, dass zum Beispiel sekundäre Pflanzenstoffe (unter anderem natürliche Farbstoffe) dafür verantwortlich sind, dass Vitamine um ein Vielfaches besser verwertet werden, als wenn diese isoliert und ohne den natürlichen Begleitstoff zugeführt werden.

Zubehör zum Barfen

Wer die Rohfütterung für Katzen ausprobieren will, findet einen Großteil des Zubehörs in der eigenen Küche. Unabdingbar sind scharfe

Küchenmesser, eine digitale Küchenwaage und einige Schüsseln für die Zubereitung. Das rutschfeste Schneidebrett kann aus Holz, Kunststoff oder Stein bestehen und muss regelmäßig gesäubert und ausgetauscht werden.

Eine große Tiefkühltruhe erleichtert die Arbeit ungemein: Fertig gemischte Portionen lassen sich gut einfrieren und dann einige Stunden vor dem Verfüttern im Kühlschrank auftauen.

Für BARF-Fortgeschrittene empfehlen sich je nach Fütterungsphilosophie auch eine Feinwaage, ein Mixer und ein Pürierstab. Ein Mörser kann beispielsweise beim Zerkleinern von Eierschalen helfen, durch einen Fleischwolf gedrehtes Fleisch wird oft gern von älteren und kranken Katzen angenommen.

Rohfütterung praktisch: Rezepte zum Ausprobieren

Genug der Theorie: Sie haben nun einen Überblick über die Rohfütterung der Katze erhalten und möchten ausprobieren, ob Ihre Katze die Rohkost überhaupt mag und verträgt, bevor Sie sich weiter ins Thema einarbeiten? Kein Problem! Für den Anfang beginnen wir ganz einfach ohne künstliche oder natürliche Supplemente. Beachten Sie aber bitte, dass Sie dem Fleisch weitere Nährstoffe hinzufügen müssen, sobald Sie Ihrer Katze zu mehr als 20 Prozent der wöchentlichen Fütterungsmenge Rohfleisch anbieten.

Verfüttern können Sie alle oben genannten Fleisch- und Fischsorten. Zweigen Sie Ihrer Katze für den Anfang ein maulgerechtes Stückchen rohes Gulasch ab, wenn Sie für sich selbst kochen – hier erhalten Sie schon eine Ahnung, ob Ihr Vierbeiner sich mit frischer Nahrung anfreunden kann.

Auch wenn es unglaublich klingt: Viele von Menschen aufgezogene Katzen wissen oft gar nichts mehr mit rohem Fleisch anzufangen und beäugen das neue „Spielzeug" nur skeptisch. Ein kurzes Anbraten ohne Fett oder Überbrühen mit heißem Wasser kann das Aroma des Fleisches entfalten und so bei der Umgewöhnung helfen. Ganz unerschrockene Katzen freuen sich auch über einen rohen Hähnchenflügel frisch vom Metzger. Füt-

Der Umgang mit Rohprodukten

Bei der Zubereitung von Rohportionen für die Katze gelten die gleichen Regeln wie beim Umgang mit Fleisch und Fisch für den menschlichen Verzehr. Ein sauberer Arbeitsplatz ist ein Muss bei der Zubereitung von Fleischmahlzeiten – das gilt auch für die Säuberung nach getaner Arbeit. Eine rutschfeste Schneideunterlage minimiert die Gefahr von Verletzungen.

Frisches Fleisch erkennen Sie an verschiedenen Faktoren: Der Geruch sollte angenehm neutral sein, keinesfalls muffig oder süßlich. Frisches Rindfleisch ist hell- bis dunkelrot, Geflügelfleisch sollte rosa, Wild rötlich bis dunkelbraun sein. Finger weg von gräulichem oder verfärbtem Fleisch! Das natürliche Fettadergeflecht sollte weiß sein.

Frisches Fleisch fühlt sich fest an. Nicht mehr frisch ist es, wenn es auf Fingerdruck zu sehr nachgibt, schwammig, schmierig oder weich ist. Hochwertiges Fleisch verliert kaum Wasser.

So können die Zutaten einer BARF-Mahlzeit für Einsteiger aussehen.

tern Sie aber bitte nur frische und ungekochte Flügel! Gekochte Knochen splittern und können zur Lebensgefahr werden.

Um einen Eindruck zu erhalten, ob sich die Rohfütterung als dauerhafte Methode für Sie und Ihre Katze eignet, reicht ein Stück Gulasch aber nicht aus. Erst beim Zusammenstellen realer Rezepte erkennen Sie, ob Ihnen das regelmäßige Zubereiten der Rohportionen wirklich Spaß macht und für Sie dauerhaft umsetzbar ist. Bereiten Sie Ihre Musterportionen wie folgt zu:

- 🐾 85 Prozent des Tagesbedarfs Ihrer Katze in Form von Fleisch, davon zwei Drittel Muskelfleisch und ein Drittel Innereien

- 🐾 maximal 10 Prozent des Tagesbedarfs pflanzliche Kost

- 🐾 5 Prozent Getreide

Ein Beispielrezept für die Tagesportion einer 5 Kilogramm schweren Katze mit einem Futterbedarf von 2 Prozent des Idealgewichts (5000 geteilt durch 100 multipliziert mit 2 = 100 Gramm) könnte entsprechend wie folgt aussehen:

56 Gramm Putenbrust
29 Gramm Innereien: 10 Gramm Putenherz, 9 Gramm Putenleber, 10 Gramm Putenmagen
10 Gramm Karotte
5 Gramm Haferflocken

Alle Fleischbestandteile in kleine Stücke schneiden und vermischen. Die Karotte raspeln und mit den Haferflocken unter das Futter mischen.

Nach diesem Grundrezept können Sie ähnliche Rezepte selbst kreieren, indem Sie beispielsweise die Fleischsorte ändern, die Karotte durch pürierten Salat ersetzen oder statt der Haferflocken gekochten Reis nehmen.

Die Rohfütterung gilt als eine der natürlichsten Ernährungsformen für Katzen.

Wichtig

Da wir keinerlei Supplemente hinzufügen, eignen sich diese Rezepte nicht zur ausschließlichen Fütterung mit Rohfleisch, sondern nur zum Ausprobieren der neuen Fütterungsmethode!

Fazit

Die Rohernährung der Katze gilt zu Recht als die natürlichste Ernährungsform. Im Gegensatz zu industriell verarbeitetem Futter oder zur selbst gekochten Nahrung enthält rohes Fleisch noch alle Nährstoffe in natürlicher Form. Dennoch ist die Rohfütterung umstritten: Viele Tierärzte bezweifeln, dass selbst zusammengestellte Katzennahrung alle Nährstoffe enthält, die eine Katze benötigt. Rohfütterer verteidigen die naturnahe Ernährungsform mit einer unzureichenden Zusammensetzung vieler Fertigfuttermittel, zunehmenden Zivilisationskrankheiten wie Übergewicht und Allergien beim ausschließlichen Füttern mit Fertignahrung und der schnellen Verbesserung des Gesundheitszustands vieler Katzen, die von Fertigfutter auf Rohfütterung umgestellt werden.

Sicher ist: Eine ultimative Lösung gibt es genauso wenig wie das perfekte Futter. Wer sich für die Rohfütterung entscheidet, kann seine Katze gesund ernähren – nötig sind dafür aber Zeit und Muße, um sich genauestens einzuarbeiten, und der Wille, die Futterportionen der Katze exakt zuzubereiten. Katzenhalter sollten die berechneten Nährstoffmengen gegebenenfalls durch einen Experten überprüfen lassen und auf eine bedarfsgerechte Nährstoffergänzung achten.

SELBSTGEKOCHTES
Haute Cuisine für die Katze?

Wenn Katzenfreunde Spaß am Kochen haben, entsteht oft Hausmannskost für die Katze. Das Selbstkochen von Katzennahrung ist zwar zeitaufwendiger als das Öffnen einer Dose, allerdings besteht insbesondere für Katzenhalter von empfindlichen und allergischen Katzen der Vorteil, dass sie wie bei der Rohfütterung ganz genau wissen, was sich im Napf befindet.

Eine saubere Lösung?

Das Vertrauen vieler Katzenhalter in Fertigfutter wurde in den letzten Jahren hart auf die Probe gestellt. Mitte 2007 fand eine große Futterrückrufwelle in Australien und den USA statt. Und auch wenn der europäische Markt davon nicht

Da bekommt nicht nur die Katze Appetit! Doch auch beim Selbstkochen sollte Fleisch Hauptbestandteil der Futterportion sein.

betroffen war, wurden Katzenhalter auch hier hellhörig. Verunreinigtes Maisgluten oder andere falsche Inhaltsstoffe stehen schließlich nicht auf der Dose und bleiben beim Füllen des Futternapfes unbemerkt. Wer möchte schon das Risiko eingehen, seiner Katze etwas potenziell Schädliches zu füttern?

In dem Maße, wie das Misstrauen gegenüber industriell hergestelltem Futter wuchs, nahm die Zahl der Katzenfreunde zu, die roh füttern oder selbst kochen. Kein Wunder, schließlich weiß derjenige, der das Futter für seine Katze selbst zubereitet, am besten, was drin ist – oder? Was viele Katzenfreunde vergessen: Wer die Futtertiere seiner Katze nicht selbst aufzieht, natürliche oder künstliche Supplemente selbst herstellt und alle Futterbestandteile selbst kontrolliert, ist auf Dritte angewiesen.

Das Vertrauen in den Biometzger des Dorfes ist sicherlich höher als das zu einem anonymen Großkonzern für Tierfutter, dessen Zusatzstoffe teilweise aus Übersee stammen. Für den menschlichen Verzehr geeignetes Fleisch wird amtlich auf Krankheiten und Parasiten wie Würmer untersucht. Doch irren ist menschlich, der heimische Metzger kann genauso wie das für Fleischuntersuchungen zuständige Veterinäramt Fehler machen, auch rohes Fleisch kann mit Krankheitserregern oder Wurmeiern verunreinigt sein, Fertigsupplemente können ebenso falsch

Sahne ist sehr fettreich und gehört daher nur in kleinsten Mengen auf den Speiseplan.

zusammengesetzt sein wie Fertigfutter-Zusatzstoffe. Risiken gibt es immer – und leider auch keine perfekte Lösung.

Ob bei der Rohfütterung oder der Verwendung von Fertigfutter: In jedem Fall ist Sorgfalt gefragt.

Roh oder gekocht?

Viele empfindliche und ältere Katzen vertragen selbst gekochte Portionen besser als rohes Fleisch. Allerdings sollte sich der Katzenfreund bewusst sein, dass beim Erhitzen von Fleisch viele Nährstoffe zerstört werden und hiermit ein besonderer Vorteil der BARF-Methode verloren geht.

Katzenhalter, die angesichts der Skepsis in die Futtermittelindustrie halbherzig selbst für ihren Stubentiger kochen oder auf das Barfen umsteigen, tun ihrer Katze nichts Gutes. Wer sein Tier mit Rohfleisch oder Selbstgekochtem ernährt, übernimmt eine große Verantwortung und sollte sich genau in die Materie einarbeiten, um eine Fehlernährung zu vermeiden. Hier gilt: Augen auf beim Rohproduktekauf – und bei der Zusammenstellung der Rohfutterportion oder beim Kochen.

Besonderheiten, die Sie kennen sollten

Möchten Sie die Nahrung für Ihre Katze selbst kochen, kommen Sie um eine gründliche Einarbeitungszeit nicht herum: Füttern Sie ausschließlich Selbstgekochtes, sollten Sie den Nährstoffbedarf Ihrer Katze wie bei der Rohfütterung genau berechnen. Geht es Ihnen nur darum, Ihrer Katze ab und zu etwas Gutes zu tun, und füttern Sie nur maximal eine Mahlzeit wöchentlich, reicht es aber auch, das Katzenfutter auf katzengerechte Art zuzubereiten – wie beim Teilbarfen müssen Sie hier nicht supplementieren. Allerdings gibt es einige wichtige Unterschiede zur Zubereitung von Rohnahrung.

Folgendes sollten Sie beim Zubereiten von Hausmannskost für Ihre Katze beachten:

* Wärmeempfindliche Nährstoffe müssen nach dem Kochen hinzugefügt werden, denn Hitze zerstört viele Proteine und Vitamine in den enthaltenen Rohstoffen.

* Selbst gekochte Katzennahrung sollte frei von Gewürzen und Zucker sein. Zwiebeln und Knoblauch gehören nicht ins Katzenfutter, sie können durch enthaltene Schwefelverbindungen eine Blutarmut auslösen.

* Verzichten Sie auf Weizenmehl. Weizen ist als Allergieauslöser bei Katzen bekannt.

* Können rohe Knochen durchaus Bestandteil der Rohfütterung sein, splittern sie nach dem Kochen und sollten darum auf keinen Fall in einem selbst gekochten Menü vorkommen.

* Um eine Überdosierung von Vitamin A zu vermeiden, sollte Leber nur in Maßen gefüttert werden.

* Sahne und Co. sind sehr fettreich und sollten daher sparsam eingesetzt werden.

* Gedünstete Gemüsebestandteile und gekochtes Getreide sind leichter verdaulich, auch wenn viele Nährstoffe durch den Erhitzungsprozess zerstört werden.

* Selbstgekochtes ist für ältere oder empfindliche Katzen oder als Übergang zur Gewöhnung an die Rohfütterung geeignet.

Zubehör zum Selbstkochen

Wer die Nahrung für seine Katze selbst kochen will, findet in den meisten Fällen alle notwendigen Utensilien in der eigenen Küche: Scharfe, gut geschliffene Küchenmesser, Schneidebretter, eine Küchenwaage und einige Schüsseln für die Zubereitung werden auf jeden Fall benötigt. Möchten Sie Ihre Katze ausschließlich mit Selbstgekochtem ernähren, erleichtern Sie sich die Arbeit durch den Kauf einer Feinwaage. Eine große Tiefkühltruhe ermöglicht das Einfrieren frisch gekochter Portionen, die sich gut über Nacht im Kühlschrank auftauen lassen.

Übersteigt der Anteil an selbst hergestelltem Katzenfutter 20 Prozent des Wochenbedarfs, sollten Sie sich intensiv in die Materie einarbeiten und das Futter durch korrekt ausgewählte Zusätze ergänzen. Im Gegensatz zur Rohfütterung reicht beim Selbstkochen die genau kalkulierte Verwendung von Innereien nicht aus, da viele Nährstoffe durch den Kochprozess denaturiert werden. In vielen Internetshops finden Sie Starterpaketen mit nötigen Futterzusätzen, damit Ihre

Direkt aus dem Topf scheint es auch diesen Samtpfoten am allerbesten zu schmecken.

Katze auch beim Selbstkochen alles erhält, was sie benötigt. Die Rechenarbeit bleibt aber dennoch bei Ihnen.

Selbstkochen für Einsteiger: Rezepte zum Ausprobieren

Ein wenig gedünstete Putenbrust, und schon sind viele Katzen glücklich. Es gibt aber auch eine Menge ausgefallener Rezepte, mit der Sie Ihre Katze an Festtagen überraschen können! Bitte beachten Sie, dass sich die im Buch gezeigten Rezepte keinesfalls zur ausschließlichen Ernäh-

rung mit Selbstgekochtem eignen, sondern nur zum Kennenlernen der Methode.

Schonkost: Hähnchenbrust mit Reis

Die wohl einfachste Möglichkeit, die lieben Vierbeiner mit einer Kreation aus der eigenen Küche zu verwöhnen, ist gekochtes Hähnchenfleisch:

150 Gramm Hähnchenbrust
1 Esslöffel gekochter
Langkorn- oder Wildreis
1 Teelöffel gekochte Karotte

Garen Sie die Hühnerbrust in etwas leicht gesalzenem Wasser. Zerpflücken Sie das weiße Fleisch danach, mischen es mit einem kleinen Löffel gekochtem Reis und bieten es Ihrer Katze lauwarm an, gern auch mit einer kleinen geraspelten Karotte als Ersatz für den Reis. Seltsamerweise ist dieses einfache Rezept der Lieblingsschmaus vieler Katzen!

Katzentopf mit Herz

150 Gramm Rinderherz oder Putenherz
1 Esslöffel Haferflocken
1 Esslöffel gegarte Karottenwürfel
1 Esslöffel Hüttenkäse

Dünsten Sie das Rinder- oder Putenherz in wenig Wasser, bis es gar ist, und zerteilen es in maulgerechte Happen. Die Haferflocken kurz in Wasser einweichen und mit den Karottenwürfeln und dem Hüttenkäse unter das Fleisch mischen.

Fazit

Katzenfutter selbst zu kochen ist eine gute Möglichkeit für alle, die genau wissen möchten, was im Katzenfutter enthalten ist und für die sich die Rohfütterung aus verschiedenen Gründen nicht anbietet. Viele Katzenhalter ekeln sich bei dem Gedanken, rohes Fleisch zu verfüttern, oder haben Bedenken bezüglich Haltbarkeit, Fleischqualität oder einer eventuellen Salmonellengefahr. Tatsächlich ist die Auswahl an risikolos verwendbaren Fleischsorten beim Selbstkochen sehr viel größer als bei der Rohfütterung: Schweinefleisch beispielsweise sollte aufgrund der Gefahr der schon erwähnten Aujeszkyschen Krankheit nicht roh verfüttert werden – gekochtes Schweinefleisch kann aber problemlos verfüttert werden.

Für allergische oder empfindliche Katzen ist das Zubereiten der eigenen Katzennahrung oft unabdingbar. Ein großer Nachteil des Kochens gegenüber der Rohfütterung ist aber das Zerstören der Nährstoffe während des Erhitzens.

Katzenfreunde sollten sich genau in die Materie einarbeiten und die berechneten Nährstoffportionen gegebenenfalls von einem Tierarzt oder Experten für Rohfütterung überprüfen lassen. Vorsicht: Unterscheiden Sie hier zwischen selbst ernannten Fachleuten in Katzenforen und Experten, die sich wirklich auskennen – Letztere finden Sie beispielsweise unter den Gründern vieler Versandhandel für BARF-Zubehör und Supplemente. Es schadet nicht, eine zweite Meinung über die errechnete Dosis einzuholen … Damit es nicht zu Mangelerscheinungen kommt, sollte das selbst gekochte Menü auch so abwechslungsreich wie möglich gestaltet werden. Variieren Sie Fleischsorten und Proteinquellen sowie Gemüsesorten, damit Ihre Katze alle wichtigen Nährstoffe erhält.

Auch bei selbst gekochten Mahlzeiten sollte man auf Abwechslung achten.

Welche Fütterungsmethode passt zu meiner Katze und mir?

In den bisherigen Kapiteln haben Sie jede Menge Informationen zu den einzelnen Fütterungsmethoden, zu ihren Vor- und Nachteilen, Gemeinsamkeiten und Unterschieden erhalten. Eine Frage wird aber wahrscheinlich geblieben sein: Welche Fütterungsmethode passt zu Ihnen und Ihrer Katze? Vielleicht haben Ihnen die letzten Seiten auch schon eine Vorstellung davon gegeben, wie Sie Ihre Katze in Zukunft ernähren möchten. Dann werden Sie in diesem Kapitel Antworten auf die Frage finden, ob die von Ihnen anvisierte Fütterungsmethode wirklich die ist, mit der Sie und Ihre Katze auf Dauer glücklich werden. Denken Sie beim Lesen dieses Kapitels daran: Die anvisierte Fütterungsmethode muss mit Ihrem Lebensstil genauso vereinbar sein wie mit eventuellen gesundheitlichen Einschränkungen Ihres Stubentigers.

Kleine Gedankenstütze

Diese Fütterungsmethode gefällt mir besonders gut:

Folgende Informationen werden noch benötigt:

Offene Fragen/Das verunsichert mich noch:

Gründe für die Wahl dieser Fütterungsmethode:

Spricht etwas gegen diese Fütterungsmethode:

Mögliche Alternativen:

Das Richtige für meine Katze?

Im Zentrum der Fragen rund um das richtige Katzenfutter sollte natürlich die Katze stehen. Katzen reagieren sensibel auf Änderungen im Futterplan, darum sollte die Auswahl der richtigen Fütterungsmethode mit Bedacht vorgenommen werden. Schon ein Wechsel der Fertigfuttermarke kann schwere Verdauungsstörungen hervorrufen – stellen Sie sich einmal vor, was eine Odyssee von Dosen- zu Frischfutter über vegetarische Ernährung anrichten kann, bis Sie sich schließlich fürs Selbstkochen entscheiden …

Geschmack

Natürlich soll Futter schmecken. Gerade bei einem Wechsel der Fütterungsmethode sind deshalb die individuellen Vorlieben der Katze wichtig. Nicht wenige Hauskatzen missbrauchen ein Gulaschstück zum Spielen und erkennen gar nicht, dass rohes Fleisch das Grundelement ihrer Ernährung darstellt. Freigänger haben es hier einfacher.

Besonders schwierig wird es oft, wenn eine Katze seit Jahren mit demselben Fertigfutter einer bestimmten Konsistenz wie Häppchen in Gelee, Paté oder Trockenfutter ernährt wird. Katzen neigen dazu, sich regelrecht auf einen bestimmten

---

Meine Katze und das Futter

Name: _____ Alter: _____

Bisherige Ernährungsmethode(n): _____

_____

Eventuell vorhandene Allergien und Unverträglichkeiten: _____

_____

Vorerkrankungen: _____

_____

Vom Tierarzt empfohlenes Futter: _____

_____

Eventuell benötigte Nahrungsergänzungen und Medikamente: _____

_____

Ist meine Katze besonders wählerisch? _____

Bevorzugt meine Katze Feucht-, Trockenfutter, rohes oder gekochtes Fleisch? _____

_____

Hier schmeckt es offensichtlich!

Geschmack einzuschießen und keine Alternativen zu akzeptieren, ein Futterwechsel wird dann umso schwieriger. Dennoch sollten Sie gerade in diesem Fall versuchen, Ihrer Katze neue Geschmackswelten zu öffnen! Selbst wenn Sie bei Ihrer aktuellen Fütterungsmethode bleiben möchten, können Sie Ihre Katze neben Fleischstückchen in Soße auch an schnittfestes Paté gewöhnen oder ab und an ein Bröckchen Gulasch reichen. So sind Sie nicht nur vor einem plötzlichen Hungerstreik nach Ausverkauf der gewohnten Futtersorte sicher, sondern können die Ernährung auch eventuellen gesundheitlichen Einschränkungen Ihrer Katze oder Ihrem eigenen Lebensstil anpassen.

Um Ihr Tier langsam an das neue Futter zu gewöhnen, mischen Sie die neue Tiernahrung in kleiner Menge unter das dem Tier bekannte Futter. Katzen sind Meister darin, das fremde Futter säuberlich auszusortieren. Nassnahrung

vereinfacht es, neue und alte Futtersorten sorgfältig zu vermengen. Wenn Ihre Mieze das neue Futter partout nicht akzeptieren will, ist vor allem eines gefragt: Konsequenz …

Futter für kranke Katzen

Besondere Berücksichtigung bei der Suche nach der passenden Fütterungsmethode erfordert die medizinische Vorgeschichte Ihrer Katze.

Rezepturänderungen

Ihre Katze mag ihr Lieblingsfutter plötzlich nicht mehr? Hier lohnt sich ein genauer Blick auf das Dosenfutteretikett, denn gar nicht so selten ändern Hersteller die Rezepturen ihrer Produkte – siehe auch Seite 30.

Aktive Jungkatzen brauchen mehr Energie als ruhige ältere Katzen.

Eine besondere Ernährung benötigen zum Beispiel:

- Katzenkinder im Wachstum
- Säugende oder tragende Katzen
- Zuchtkatzen
- Seniorenkatzen
- Katzen mit akuten Erkrankungen
- Übergewichtige oder untergewichtige Katzen
- Allergiker
- Katzen mit Gelenkbeschwerden
- Katzen mit Diabetes
- Katzen mit Nieren-, Leber- oder Herzerkrankungen

Das Aufstellen eines korrekten Futterplans ist gerade für unter- und übergewichtige Katzen essenziell. Kitten im Wachstum müssen genügend Kalorien und Fett zu sich nehmen, um sich zu gesunden, erwachsenen Katzen entwickeln zu können. Das Gleiche gilt für Zuchtkatzen und besonders für tragende und säugende Kätzinnen. Bei Seniorenkatzen kommen neben dem erhöhten Bedarf an hochwertigen Nährstoffquellen oft noch akute oder chronische Krankheiten hinzu, auf die gesondert eingegangen werden sollte. Eine Anleitung zum Aufstellen eines Futterplans finden Sie ab Seite 65.

Bei nierenkranken Katzen ist gerade im chronischen Verlauf oft schon ein großer Anteil des Nierengewebes zerstört. Die Aufgabe der Nieren besteht darin, Abfallstoffe des Stoffwechsels aus dem Blut zu filtern und auszuscheiden. Um das Organ zu entlasten, sollte deshalb der Salz-, Phosphat- und Proteinanteil des Futters reduziert und vor allem auf hochwertige Futterbestandteile gebaut werden. Das gilt übrigens nicht nur beim Selbstkochen oder der Rohfütterung, sondern auch bei der Auswahl der richtigen Fertignahrung. Für nierenkranke Katzen empfiehlt der

Tierarzt oft ein nierenschonendes Spezialfutter. Ein Nassfutter ist der Trockenfuttervariante dabei auf jeden Fall vorzuziehen, damit die Katze genügend Flüssigkeit zur Durchspülung der Nieren aufnimmt.

Katzen sind in der Lage, Energie aus der Synthese von Glukose aus Nicht-Kohlenhydrat-Vorstufen zu gewinnen und damit ihren Blutzuckerspiegel gänzlich ohne Kohlenhydrate, sondern nur mittels Proteinen aufrechtzuerhalten.

An Diabetes erkrankte Katzen sind aufgrund eines Mangels des Hormons Insulin nicht in der Lage, diese Glukose zur Energiegewinnung einzusetzen. Sie verbleibt im Blut und gelangt nicht mehr in die Körperzellen. Durch eine Nahrungsumstellung auf spezielle Diätnahrung und eine regelmäßige, genau kalkulierte Fütterung kann eventuelles Übergewicht reduziert und der Blutzuckerspiegel stabilisiert werden. Eine hochwertige Katzennahrung ohne Zucker oder Karamell und Getreide ist immer vorzuziehen. Der genaue Futterplan einer Diabetesdiät sollte unbedingt mit dem Tierarzt abgesprochen werden!

Leidet Ihre Katze unter Allergien? Viele Katzen reagieren beispielsweise sensibel auf Konservierungsstoffe, was die Auswahl des richti-

Katzen im höheren Lebensalter oder mit Allergien stellen besondere Ansprüche an die Fütterung.

gen Fertigfutters stark einschränkt. Andere sind allergisch auf Getreide und benötigen dementsprechend eine getreidefreie Ernährung mit sehr hochwertigem Fertigfutter, Rohfütterung oder das Selbstkochen.

Eine allgemeingültige Empfehlung für die Fütterung allergischer Katzen zu geben ist leider unmöglich. Allergie ist nicht gleich Allergie, eine Katze kann auf fast jeden Bestandteil im Katzenfutter allergisch sein. Da es leider noch keine aussagekräftigen Allergietests für Katzen gibt, ist eine Ausschlussdiät das Mittel der Wahl, um den allergieauslösenden Stoff zu identifizieren. Hier verzichtet man bei der Fütterung auf sämtliche Fleischsorten, die das Tier bisher bekommen hat, und füttert stattdessen für einen begrenzten Zeitraum zum Beispiel ausschließlich eine für die Katze unbekannte Fleischsorte wie Pferde- oder Straußenfleisch. Durch Hinzu-

Vorsicht bei Katzenleckerli und Nahrungsergänzungen

Diese enthalten oft Bestandteile wie Zucker, Getreide und pflanzliche Nebenerzeugnisse, die nicht in das Futter sensibler oder chronisch kranker Katzen – beziehungsweise eigentlich in das Futter keiner Katze – gehören!

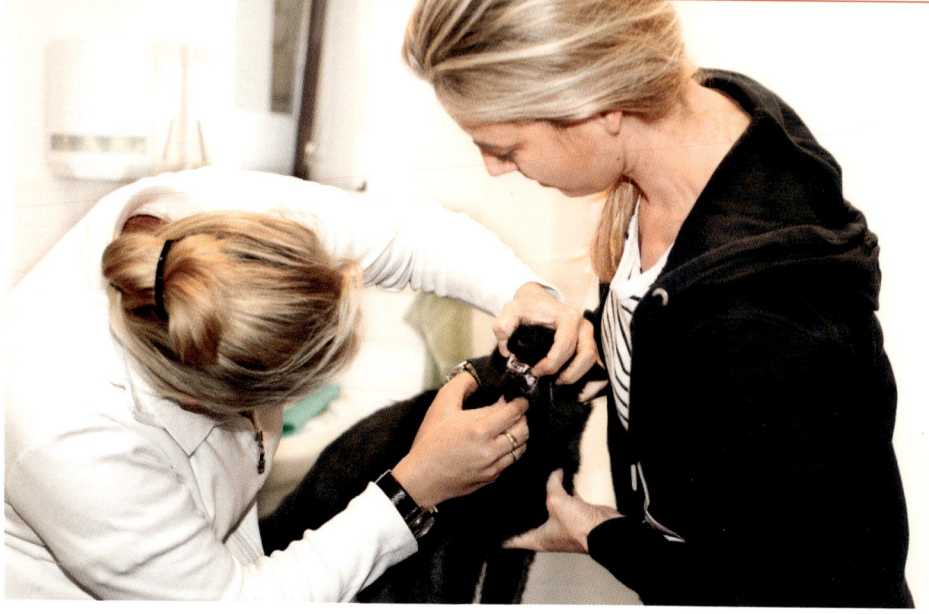

Nicht jeder Tierarzt ist zugleich auch Ernährungsexperte für Katzen. Bei Zweifeln an der Kompetenz kann es sinnvoll sein, eine zweite Meinung einzuholen.

fügen verschiedener Nahrungsbestandteile wird nach und nach ausgelotet, auf welche Stoffe das Tier mit den typischen Symptomen wie Juckreiz, Schuppenbildung, struppiges Fell oder Verdauungsprobleme reagiert.

Im Handel gibt es zwar inzwischen diverse Futtersorten für allergische Katzen, doch viele Katzenhalter bauen dennoch lieber auf die Rohfütterung oder kochen das Futter selbst. Das eigenhändige Zusammenstellen der Katzennahrung hat gerade bei allergischen Katzen einen erheblichen Vorteil: Sie wissen ganz genau, was sich in der täglichen Futterportion befindet, und können allergieauslösende Stoffe meiden. Grundsätzlich erfordern derartige Fütterungsmethoden eine intensivere Einarbeitung und mehr Zeit als die Auswahl des richtigen Fertigfutters.

Ratgeber: Internet oder Tierarzt?

In Internet-Katzenforen finden Sie eine Menge Tipps zur Ernährung einer Katze mit akuten und chronischen Krankheiten. Diese simplen und kostenlosen Ratschläge sind verführerisch und viele Katzenhalter, die in diesen Foren aktiv sind, sind durchaus kompetent und können aus erster Hand von praktischen Erfahrungen berichten. Ob die Tipps allerdings wirklich sinnvoll oder nicht vielleicht sogar gefährlich sind, können Sie als Laie kaum beurteilen. Deshalb sollten Sie im Interesse Ihrer Katze auf jeden Fall Rücksprache mit Ihrem Tierarzt halten und mit ihm zusammen das richtige Katzenfutter zusammenstellen.

Allerdings ist nicht jeder Tierarzt zugleich ein Ernährungsexperte für Katzen. Selbst Ärzte, die auf Kleintiere spezialisiert sind, müssten neben Anatomie und Krankheitsgeschichte von Kaninchen, Meerschweinchen, Papageien, Wüstenrennmäusen, Chinchillas, Reptilien, Hunden und Katzen auch noch deren Ernährungsgrundlagen, verschiedene Fütterungsmethoden inklusive der Vor- und Nachteile beherrschen. Spezialisierte Tierärzte für Katzen wissen in der Regel mehr

Test: Ihr Lebensstil

1. Wie oft können Sie Ihre Katze pro Tag füttern?

a. Ein- bis zweimal.

b. Unterschiedlich, je nach verfügbarer Zeit am Tag.

c. Mindestens dreimal.

2. Wie viel Zeit können Sie in die Futtervorbereitung für Ihre Katze stecken?

a. Ich bin meistens in Eile, darum sollte es schnell gehen.

b. Das hängt von meinen weiteren Plänen für den Tag ab.

c. Einige Minuten pro Mahlzeit.

3. Haben Sie einen großen Gefrierschrank oder würden die Anschaffung eines solchen nicht scheuen?

a. Ein Gefrierschrank für die Katzenfütterung? Wozu?

b. Ich habe einen kleinen Gefrierschrank, das muss reichen.

c. Ich habe einen großen Gefrierschrank oder würde einen kaufen.

4. Ist es Ihnen wichtig, das Futter für Ihre Katze vorrätig zu halten?

a. Auf jeden Fall!

b. Praktisch ist es schon, aber kein Muss.

c. Ich habe die Möglichkeit, das Futter für meine Katze täglich oder wöchentlich selbst vorzubereiten.

5. Scheuen Sie einen großen Aufwand bei der Fütterung Ihrer Katze?

a. Ja.

b. Allzu groß sollte der Aufwand nicht werden.

c. Nein.

6. Ekeln Sie sich vor frischem Fleisch?

a. Ja.

b. Geht so.

c. Nein.

7. Kochen Sie gern?

a. Nein.

b. Nicht leidenschaftlich, aber wenn es sein muss, schon.

c. Ja.

8. Sind Sie bereit, sich in die Materie rund um die in der Katzenernährung benötigten Nährstoffe und Vitamine einzuarbeiten?

a. Ich glaube nicht, dass ich mich dafür begeistern kann.

b. Dazu fehlt mir leider die Zeit.

c. Auf jeden Fall!

9. Sind Sie häufig auf eine Betreuung Ihrer Katze durch Fremde angewiesen (zum Beispiel durch Urlaub oder Geschäftsreisen)?

a. Ja.

b. Häufig nicht, aber gelegentlich kommt das schon vor.

c. Nein.

Ergebnis:

Viele Fragen mit a beantwortet: Typ „Gut und schnell"

Sie gehören wahrscheinlich zu den Menschen, die weniger Zeit und Aufwand in die Ernährung ihrer Katze investieren können oder möchten. Sie ekeln sich eventuell vor rohem Fleisch, haben wahrscheinlich keinen Spaß am Kochen und auch keine Lust, sich in die Grundlagen der Katzenernährung einzuarbeiten. Die für Sie geeignete Fütterungsmethode muss einfach und wenig zeitraubend sein. Das bedeutet aber nicht, dass Sie Ihre Katze nicht artgerecht ernähren können! Greifen Sie im Katzenfutterregal nach hochwertigen Futtersorten, die den Bedürfnissen Ihrer Katze entgegenkommen. Tipps zur Auswahl des richtigen Fertigfutters erhalten Sie auf den Seiten 23 bis 35.

Viele Fragen mit b beantwortet: Typ „Offen für Neues"

Sie sind noch unsicher, was Ihre eigenen Vorlieben anbetrifft. Versuchen Sie, die verschiedenen Fütterungsmethoden unverbindlich zu testen und so den jeweils entstehenden Aufwand einzuschätzen. Dieses Buch enthält einige Rezepte, mit denen Sie das Selbstkochen für Ihre Katze oder die Rohfütterung ausprobieren können. Hochwertige Fertignahrung erhalten Sie im Katzenbedarfshandel Ihres Vertrauens.

Viele Fragen mit c beantwortet: Typ „Self made"

Sie können oder möchten mehr Zeit in die Fütterung Ihres Stubentigers investieren. Je nach den Bedürfnissen Ihrer Katze könnten die Rohfütterung oder das Selbstkochen von Katzennahrung die richtige Methode für Sie und Ihre Katze sein. Arbeiten Sie sich ausreichend in die Materie ein, damit Ihre Katze auch bei selbst gemachter Katzennahrung nicht mit bestimmten Nährstoffen über- oder unterversorgt wird. Das gilt insbesondere für Katzen mit gesundheitlichen Einschränkungen.

Methode	Zeitaufwand	Einarbeitung nötig?	Individualisierbar?	Vorteile
Rohfütterung	Mittel bis hoch	Ja	Ja	Kommt der natürlichen Ernährung der Katze entgegen, Portionen individualisierbar und ohne Zusatzstoffe. Kann auch portionsweise eingefroren werden.
Selbstkochen	Mittel bis hoch	Ja	Ja	Portionen individualisierbar und ohne Zusatzstoffe. Kann auch portionsweise eingefroren werden.
Fertignahrung	Niedrig	Nicht unbedingt – je nach Anspruch.	Nein	Schnell, praktisch, gut auf Vorrat zu halten. Je nach Sorte auch für empfindliche und allergische Katzen geeignet.
Vegetarisch	Niedrig bis hoch	Ja	Ja	Keine – nicht zu empfehlen.

und können auch bessere Ernährungstipps geben. Sollten Sie dennoch Zweifel am Rat Ihres Tierarztes haben, lohnt sich das Einholen einer zweiten Fachmeinung.

Das Richtige für mich

Ob Sie es glauben oder nicht: Auch Ihre Vorlieben haben einen sehr großen Anteil an der Wahl der richtigen Fütterungsmethode für Ihre Katze. Schließlich sind Sie es, der Ihre Katze mehrmals täglich füttert und immer für einen ausreichenden Vorrat an Katzennahrung sorgt. Nehmen Sie also nach den Vorlieben Ihrer Katze einmal ganz genau Ihren eigenen Lebensstil unter die Lupe (siehe Test auf Seite 57).

Haben Sie Spaß daran, Ihrer Katze Tag für Tag kleine Kunstwerke auf den Teller zu zaubern, oder gehören Sie zu den Menschen, die ungern kochen und die maximal die Zeit des morgendlichen Öffnens der Katzenfutterdose in die Ernährung ihrer Katze investieren möchten?

Teste, wer sich bindet

Bevor Sie die Ernährung Ihrer Katze völlig umstellen, empfiehlt es sich, die neue Fütterungsmethode zumindest kurzzeitig auszuprobieren, ohne gleich eine langwierige Futterumstellung auf sich zu nehmen.

Es ist nicht empfehlenswert, wahllos zwischen verschiedenen Futtersorten hin und her

Nachteile	Kosten
Genaue Einarbeitung und regelmäßige Anpassung der Rezepte sowie eine genaue Supplementierung notwendig. Regelmäßige Vorbereitung der Nahrungsportionen.	Verschieden
Genaue Einarbeitung und regelmäßige Anpassung der Rezepte notwendig. Regelmäßige Vorbereitung der Nahrungsportionen. Kochen zerstört einen Teil der Nährstoffe, eventuell nachträgliche künstliche Supplementierung notwendig.	Verschieden
Wenig individualisierbar, vom Hersteller abhängig, je nach Sorte hohe Anteile an Nebenerzeugnissen sowie Zusatzstoffen.	Je nach Sorte niedrig bis hoch.
Problematisch und von vielen Experten als gefährlich eingestuft, Katzenkörper benötigt tierisches Protein. Mangelerscheinungen vorprogrammiert. Nicht zu empfehlen.	Mittel bis hoch, wenn qualitativ hochwertiges Gemüse gefüttert werden soll.

zu wechseln. Dennoch können Sie die Fütterungsmethode Ihrer Wahl ohne Probleme ausprobieren, wenn Sie behutsam vorgehen und das neue Futter nur einen kleinen Teil der täglichen Futtermenge einnimmt. Ziehen Sie das Probehäppchen unbedingt von der Gesamtfuttermenge, die Ihre Katze täglich zu sich nimmt, ab! Am besten und einfachsten ist es, das Futter zur gewohnten Futterzeit anzubieten. Zum Ausprobieren eignet sich jede kleine Portion des neuen Futters.

Kaufen Sie bei Wechsel des Fertigfutters eine kleine Dose und geben Sie Ihrer Katze ein Löffelchen hiervon zur Futterzeit, gern auch unter das alte Futter gemischt. Beachten Sie beim Kauf von Fertigfutter aber, dass viele Hersteller in kleinen Dosen eine andere Konsistenz anbieten als in größeren Dosen. So kann es schnell zum bösen Erwachen kommen, wenn das gewählte, hochwertigere Futter in der kleinen Probedose sogar mit der geliebten Soße aufwarten konnte, der Inhalt der großen Dose aber nur aus Paté besteht.

Möchten Sie es mit Rohfütterung probieren, können Sie Ihrer Katze ganz einfach und günstig ein kleines Stückchen rohes Putenbrustfleisch, das Sie vielleicht sowieso für sich vorbereiten, anbieten. Auf Seite 42 finden Sie außerdem ein einfaches Rezept, das Sie in ein paar ruhigen Minuten ausprobieren können. Das Erlebnis der Supplementberechnung, die die besondere Herausforderung bei dieser Fütterungsmethode ist, erfahren Sie so natürlich nicht. Sollten Sie sich ernsthaft mit der Rohfütterung auseinandersetzen wollen, empfiehlt sich darum der Kauf eines

„Richtig" ist das Katzenfutter dann, wenn es zu den Bedürfnissen von Tier und Mensch passt.

Probesets von Supplementen über das Internet. Leider führen Tierfutterhändler vor Ort nur selten derartige Produkte.

Beim Ausprobieren sollten Sie nicht nur darauf achten, ob Ihre Katze das neue Futter mag. Wichtig ist auch, wie Sie mit der Futterzubereitung zurechtkommen. Ekeln Sie sich schon beim Auspacken des rohen Fleisches und kostet Sie das Zerteilen von Innereien Überwindung? Ist das favorisierte Fertigfutter eigentlich auf Dauer gesehen viel zu teuer für Ihr Budget? An einige Dinge kann man sich gewöhnen, an andere nicht – es liegt in Ihrem Ermessen abzuschätzen, inwieweit eine solche Fütterung auf Dauer für Sie geeignet ist.

Achten Sie nach dem Ausprobieren des neuen Futters genau auf die Reaktionen Ihrer Katze. Erbrechen oder Durchfall können, müssen aber nicht vom Probehäppchen stammen. Der Weg der Nahrung durch den Verdauungstrakt der Katze dauert etwa 12 bis 24 Stunden. Bei Durchfall aufgrund von Unverträglichkeit kann es auch schneller zu Beschwerden kommen. Allergien können schon bei einer geringen Futtermenge zu Ausschlag und Juckreiz führen.

Schluss mit den Gewohnheiten

Steht das gewohnte Futter ganztägig bereit, bedient sich Ihre Katze natürlich lieber an diesem Büfett als an neuem, ungewohntem und vielleicht etwas suspektem Futter. Entfernen Sie deshalb alle Reste des gewohnten Futters aus der Umgebung der Katze.

Probehäppchen für Suppenkasper

Der Magen-Darm-Trakt der Katze reagiert empfindlich auf Futterumstellungen – besonders dann, wenn Ihr Stubentiger Sie gut erzogen und jahrelang nur „Häppchen in Gelee" oder Trockenfutter zu sich genommen hat ... Aber auch aufgrund des engen Beutespektrums der Katze in der freien Natur gilt: Die Gewöhnung an die neue Ernährungsweise muss behutsam stattfinden. Zwar wird in der freien Natur gegessen, was vor die Pfote kommt. Katzen sind also nicht von Natur aus wählerisch, wissen aber, wie sie ihren „Dosenöffner" zur Gabe des Lieblingsfutters bringen.

Vielleicht gehört Ihre Katze zu den Vierbeinern, die als „wählerisch" eingestuft werden, vielleicht erschien Ihnen ein Wechsel zu einer neuen Fütterungsmethode bisher als hoffnungslos. Die gute Nachricht: Auch Ihre Katze kann anderes Futter fressen, es wird ihr nach einiger Zeit sogar schmecken und sie wird Sie nicht weniger lieben, wenn einmal nicht das bevorzugte Futter im Napf landet. Die schlechte Nachricht: Ein Futterwechsel erfordert Konsequenz und Geduld. Einerseits müssen Sie behutsam vorgehen, andererseits dürfen Sie nicht zwischendurch weich werden und Ihrer Katze doch noch ein kleines Häppchen des Lieblingsfutters unterschieben.

Probehäppchen-Notizzettel zum Ausfüllen

Reaktion meiner Katze auf das neue Futter: _____

Gab es Veränderungen in Haut- und Fellbeschaffenheit, Harn oder Kot nach Fütterung des neuen Futters? _____

Eventuelle Probleme bei der Zubereitung: _____

Eventuelle Probleme bei der Fütterung: _____

Das hat mir besonders gut gefallen: _____

Damit könnte es Probleme geben: _____

Kommt die Fütterungsmethode für mich infrage? Warum oder warum nicht? _____

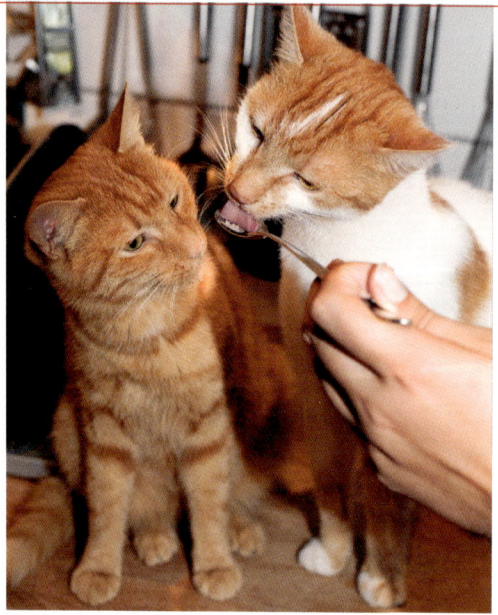

Das Prinzip der kleinen Portionen hilft bei der Futterumstellung.

zen sind der Esstisch und die Küchenablage darum besonders reizvoll. Nutzen Sie die naturgegebene Neugier Ihrer Katze und lassen Sie, wenn Sie die Rohfütterung ausprobieren möchten, beim Schneiden von Fleisch zufällig ein kleines Stückchen Hühnerbrust fallen, das Sie geflissentlich ignorieren. Wohl kaum eine Katze wird diese Gelegenheit übersehen ... Bei Selbstgekochtem empfiehlt es sich, ein Schälchen des abgekühlten Neukreierten an einen ungewöhnlichen Platz zu stellen, falls der Napf am üblichen Futterplatz seine Wirkung verfehlt haben sollte. Der gleiche Trick kann auch beim Wechsel der Fertigfuttermarke funktionieren.

Wenden Sie ihn aber bitte nur einmal an, zum Ausprobieren. Im Sinne einer konsequenten Katzenerziehung sollten Esstisch und Küchenablage weiterhin tabu sein. Nach dem Probehäppchen gilt wieder: Gebettelt wird nicht!

Mit derartigen Bestechungsversuchen machen Sie die Umgewöhnung nur noch schwerer.

Leider gibt es kein Patentrezept, was das Ausprobieren einer neuen Fütterungsmethode für wählerische Katzen einfacher macht. Jede Katze ist anders, und während einige das als Leckerchen gereichte Stück Gulasch gern annehmen und es laut schmatzend in eine Ecke schleppen, beäugen andere das suspekte Spielzeug nur und lassen sich, abgesehen von einem vorsichtigen Pfotenstoß, nicht zu mehr hinreißen. Dennoch gibt es einige kleine Tricks, die auch Suppenkasper zu einem schnellen Snack verführen. Erzieherisch einwandfrei sind nicht alle dieser Tipps, zudem verlieren sie bei häufiger Anwendung ihre Wirkung – behalten Sie sich diese darum wirklich nur für Notfälle vor.

Mundraub

Vielleicht kennen Sie das noch aus Ihrer Kindheit: Verbotenes ist interessant ... Für viele Kat-

Mit ein paar Tricks wird das unbekannte Futter gleich viel interessanter.

Spannung, Spiel und neues Futter

Wechseln Sie die Trockenfuttersorte, können Sie das Ausprobieren des neuen Futters mit ein wenig Spiel und Spaß verknüpfen. Füllen Sie die Kroketten in einen Spielball, in ein Katzenfummelbrett oder verstecken Sie sie an „unmöglichen" Stellen. Je nach Katze kann es von Vorteil sein, wenn sie Intelligenzspielzeuge und Futtersuchspiele bereits kennt.

Natürlich können Sie diese Methode auch beim Ausprobieren von Rohfleisch anwenden. Allerdings sollten Sie eine langwierige Säuberung von Spielzeug und Boden nicht scheuen ...

Aber bitte mit Soße!

Ihre Katze bevorzugte bisher Fertigfutter mit Soße oder Gelee? Zum Ausprobieren können Sie ihr den flüssigeren Doseninhalt über das neue Fertigfutter, Rohfleisch oder Selbstgekochte streichen. Damit wird das Häppchen gleich viel attraktiver. Oft die gleiche Wirkung haben ein Tropfen Lachsöl oder ein wenig Bierhefepulver.

Kross und knackig

Bei Trockenfutterfans können ein paar zerkleinerte Brösel des Trockenfutters über das Dosenfutter, die BARF-Mahlzeit oder das Selbstgekochte gestreut werden. Diese Methode funktioniert aber nicht bei allen Katzen – viele sind außerordentlich geschickt darin, schon den kleinsten Trockenfutterkrümel zu erhaschen, ohne auch nur einen Hauch des neuen Futters zu kosten.

Frisch aus der Küche

Möchten Sie Ihre Katze auf Rohfleisch umstellen, können Sie das Fleisch vorerst kurz ohne jegliche Zusätze kochen und abgekühlt mit einem kleinen Esslöffel der so entstandenen Brühe verfüttern. Auf dem Weg zur Rohfütterung können Sie die Garzeit dann nach und nach verkürzen, bis das Fleisch auch von mäkeligen Katzen roh angenommen wird. Knochen dürfen wegen der Splittergefahr allerdings auf gar keinen Fall gekocht verfüttert werden.

Eine Methode, die das Ausprobieren wert ist – auch wenn manche Katzen geschickt nur das aus dem Napf picken, was sie mögen.

Vorsicht, Hungerstreik!

Das Umstellen auf ein neues Katzenfutter ist nicht immer einfach – und manchmal wird die von Ihnen abverlangte Konsequenz auf die Probe gestellt. Nehmen vor allem übergewichtige Katzen länger als 24 Stunden keine Nahrung zu sich, kann es zu einer hepatischen Lipidose kommen, einer akuten Leberverfettung, die lebensgefährlich ist. Achten Sie deshalb darauf, dass Ihre Katze wenigstens einige Happen täglich frisst.

Praktische TIPPS

Sie haben die richtige Fütterungsmethode für Ihre Katze und sich selbst gefunden, Ihre Mieze ist mit den ersten Probierhappen einverstanden, und nun kann es endlich losgehen? Herzlichen Glückwunsch, Sie haben die größte Hürde überwunden! Doch manchmal treten auch Monate oder Jahre nach der Entscheidung für die richtige Fütterungsmethode noch Fragen auf. Einige stellen Sie sich vielleicht morgens bei der Zubereitung des Frühstücks für Ihre Katze, andere nach einer tierärztlichen Diagnose oder durch veränderte Lebensumstände.

Gut geplant ist halb gefüttert

Vielleicht haben Sie sich bisher an den Empfehlungen des Katzenfutterherstellers orientiert und genau so viel Futter in den Napf gefüllt, wie auf der Katzenfutterdose angegeben. Jahrelang passte das auch sehr gut. Doch plötzlich verändert sich das Gewicht Ihrer Katze, sie nimmt ab oder zu. Um schnell auf derartige Probleme reagieren zu können, bietet sich ein Futterplan an.

Wie viel Futter braucht meine Katze?

Die Fütterungsempfehlungen auf den Katzenfutterpackungen richten sich nach dem Durchschnittsbedarf einer erwachsenen Katze. Doch Katzen sind sehr verschieden – da gibt es gute

Futterverwerter und schlechte, zierliche Katzen und robustere Naturen. Selbst eine Angabe pro Kilogramm Körpergewicht ist nicht exakt genug. Nicht jede Katze bewegt sich gleich viel, ein Freigänger verbrennt sehr viel mehr Energie als eine ruhige Wohnungskatze und benötigt entsprechend mehr Futter. Auch Krankheit, Trächtigkeit und Laktation treiben den Kalorienbedarf nach oben. All diese Faktoren müssen zur Berechnung des tatsächlichen Kalorienbedarfs der Katze berücksichtigt werden.

Fest steht: Die Mengenempfehlungen von Futtermittelherstellern sind in den meisten Fällen zu hoch. Der Körper einer Katze ist nicht darauf eingestellt, Übergewicht mit sich herumzutragen. Jedes zusätzliche Gramm belastet Gelenke und

Für die Erstellung eines Futterplans führt kein Weg an ein wenig Rechnerei vorbei.

Knochen, schränkt die Bewegung ein und führt zu Folgeerkrankungen wie Diabetes. Aus diesem Grund sollten Sie den Futterzustand Ihrer Katze beobachten, sie regelmäßig wiegen und eventuell Korrekturen am Futterplan vornehmen.

Komplizierte Berechnungen des Kalorienbedarfs Ihrer Katze und der Kalorienzufuhr aus verschiedenen Futtermitteln können Sie sich allerdings sparen. Hilfreich kann dies nur im Rahmen einer Aufbaudiät oder einer kontrollierten Gewichtsabnahme unter tierärztlicher Kontrolle sein. Natürlich schadet eine Berechnung auch nichts, wenn Sie es aus reiner Neugier einfach genau wissen möchten ...

Viele Ernährungsexperten für Katzen wenden eine heute als überholt geltende Berechnungsformel an, die von einer erforderlichen Futtermenge von 2 Prozent des Körpergewichts als Trockensubstanz ausgeht. Ihr Nachteil: Sie lässt die Energiedichte des Futters sowie Bewegung und Gesundheit des Tiers völlig außer Acht.

Moderneren Untersuchungen zufolge berechnet sich der Kalorienbedarf für den Erhalt aller Körperfunktionen, also ohne körperliche Aktivität, bei einer ausgewachsenen Katze nach der Formel kcal = (30 x Körpergewicht in kg) + 70. Eine Katze, die 4 Kilogramm wiegt, benötigt demnach täglich 190 Kalorien. Hinzu kommt der Energiebedarf zum Beispiel für Bewegung, Spiel oder bei Krankheit. Dafür wird die errechnete Zahl meist mit dem Faktor 1,4 multipliziert, sodass sich in unserem Beispiel ein Tagesbedarf von 266 Kalorien ergibt.

Für den Hausgebrauch reicht es, wenn Sie sich Folgendes merken: Katzen mit geringer Aktivität brauchen etwa 60 Kalorien pro Kilogramm Körpergewicht, Katzen mit mittlerer Aktivität 70 Kalorien pro Kilogramm Körpergewicht und Katzen mit hoher Aktivität 80 Kalorien pro Kilogramm Körpergewicht.

Leider geben nur wenige Hersteller die Energiedichte ihres Futters auf der Verpackung an. Das Aufstellen eines korrekten Futterplans mit der richtigen Futtermenge ist aus diesem Grund alles andere als einfach. Im Zweifelsfall hilft das Nachfragen beim Hersteller oder eine Internetrecher-

Name meiner Katze: _____

Gewicht meiner Katze in Kilogramm: _____

Kalorienverbrauch nach Aktivität (bitte ankreuzen):
o Geringe Aktivität: 60 Kalorien pro Kilogramm Körpergewicht
o Mittlere Aktivität: 70 Kalorien pro Kilogramm Körpergewicht
o Hohe Aktivität: 80 Kalorien pro Kilogramm Körpergewicht

Kalorienbedarf meiner Katze: _____ pro Tag
Vorsicht: Bei vorhandenen Erkrankungen, trächtigen oder säugenden Katzen den Futterplan mit dem Tierarzt absprechen!

che. Doch Vorsicht: Nicht alle Internetquellen sind verlässlich. Lassen Sie sich die Daten vorsichtshalber durch den Hersteller bestätigen.

Bereiten Sie die täglichen Futterportionen für Ihre Katze selbst zu, wird die Berechnung einfacher. Mithilfe von Nährwerttabellen können Sie den Energiegehalt der Futterportion exakt berechnen und entsprechend anpassen.

Normal-, Über- und Untergewicht

Wann ist eine Katze normalgewichtig? Diese Frage ist bei den Vierbeinern genauso schwer zu beantworten wie bei uns Menschen. Schließlich hängt das ideale Gewicht nicht nur von Alter und Rasse ab, sondern auch von Knochenbau, Größe und eventuellen Einschränkungen. Und je nach Lebenssituation sollten auch Abweichungen mehr oder weniger toleriert werden. Ein Beispiel: Katzenkinder machen verschiedene Wachstumsschübe durch. Sie wirken oft schlaksig und scheinen dann wieder zu viel Fett anzusetzen. Das ist völlig normal. Bei Kitten sollten Sie aus diesem Grund nach Absprache mit Ihrem Tierarzt das Gewicht kontrollieren, setzen Sie sie aber auf keinen Fall auf Diät.

Ob eine ausgewachsene Katze Normalgewicht hat, die tägliche Futterportion also richtig zusammengestellt ist oder man nach unten oder oben nachjustieren sollte, kann man mithilfe einer Faustregel feststellen: Die Rippen sollten tastbar, aber nicht sichtbar sein. Katzen sind zu dick, wenn man beim Streichen über ihren Brustkorb die Rippen nicht mehr fühlen kann. Kann man diese aber mit dem bloßen Auge erkennen, ist die Katze untergewichtig.

Passen Sie in Absprache mit dem Tierarzt den Futterplan an, wenn das Gewicht Ihrer Katze von der Norm abweicht. Eine eventuelle Diät oder

Eine Gewichtskontrolle gibt Orientierung, wie es um die Konstitution der Katze bestellt ist.

Untergewicht:
Rippen, Hüfte und Wirbel sind mit bloßem Auge erkennbar oder leicht zu ertasten, die Taille ist deutlich eingeengt. Es ist kaum Muskelmasse und keinerlei Fettschicht vorhanden.

Normalgewicht:
Von oben betrachtet ist bei einer normalgewichtigen Katze eine Taille erkennbar, Rückenwirbel und Hüfte aber nicht. Es gibt nur wenig Bauchfett und eine dünne Fettschicht über den Rippen, die man nicht sehen, aber fühlen kann.

Übergewicht:
Die Taille ist nur schwer oder gar nicht erkennbar. Bauchfett ist vorhanden, der Bauchumfang eventuell vergrößert. Auch auf Brustkasten und Rücken ist eine Fettschicht fühlbar. Die Rippen können unter einer deutlichen Fettschicht ertastet werden.

Starkes Übergewicht:
Die Taille ist nicht sichtbar, ein deutlicher Hängebauch ist vorhanden. Die Rippen können nur schwer ertastet werden.

Aufbaukur sollte immer kontrolliert geschehen. Und auch bei Katzen gehören Ernährung und Bewegung zusammen. Vielen leicht übergewichtigen Katzen helfen schon 20 gut geplante „Ak-tivitätsminuten" am Tag, um überschüssige Gramm schmelzen zu lassen.

Mein Futterplan

Ausgehend von der Energiedichte Ihres Futters können Sie sich nun einen Futterplan aufstellen. Hier sollten Sie vor allem Ihr Ziel vor Augen haben: Muss Ihre Katze zu- oder abnehmen oder soll sie ihr Gewicht halten? In jedem Fall sollten Sie potenzielle Gewichtsänderungen Ihrer Katze genau beobachten, um bei Bedarf zügig reagieren zu können.

Gehört Ihre Katze nicht zu den ganz mäkeligen Naturen, ist das Anfuttern von ein paar Extragramm in der Regel kein Problem. Viele Katzen sind während des Wachstums wahre Bohnenstangen und erreichen oft erst lange nachdem sie ausgewachsen sind ihr Normalgewicht. Anders sieht es aus, wenn Ihre Katze übergewichtig ist. Um gesundheitliche Gefahren zu vermeiden, darf die Gewichtsabnahme nicht zu schnell vonstatten gehen. Diätkuren sollten immer mit dem Tierarzt abgesprochen werden.

Ein Futterplan bietet unter anderem den Vorteil, dass Sie die tägliche Gesamtfuttermenge Ihrer Katze im Auge behalten und auch berücksichtigen, dass Leckerchen oder die obligatorischen drei Trockenfutterbröckchen vor dem

Gehört die Katze zu den gemütlichen Vertretern ihrer Art oder ist sie viel „auf Achse"? Auch dies sollte in die Berechnung der Futtermenge einfließen.

Schlafengehen zur täglichen Futtermenge gehören. Leider ist der genaue Energiegehalt nur auf wenigen Leckerchenpackungen vermerkt. Bei Trockenfutter hingegen müssen die Nährstoffe auf der Verpackung deklariert werden. Gelegentlich gegebene Trockenfutterkroketten können so ganz einfach von der Gesamtfuttermenge abgezogen werden. Auch bei Trockenfleisch oder -fisch ist die Berechnung mithilfe einer Nährwerttabelle gut möglich – denken Sie in diesem Fall daran, dass die Energiedichte von getrocknetem Fleisch etwa dreimal so hoch ist wie von frischem Fleisch, das pro Kilogramm 600 bis 700 Gramm Wasser enthält.

Ausgehend vom oben beschriebenen Kalorienbedarf Ihrer Katze lässt sich ein Futterplan leicht aufstellen. Errechnen Sie den täglichen Energiebedarf Ihrer Katze und setzen Sie ihn in Bezug zur Nährstoffdichte des favorisierten Futters.

Ein Beispiel: Das Katzenfutter hat einen Energiegehalt von 4900 Kalorien pro Kilogramm Trockensubstanz (oft angegeben als kcal/kg), also 4,9 Kalorien pro Gramm. Ihre 4 Kilogramm schwere Katze verbrennt mit mittlerer Aktivität etwa 70 Kalorien pro Kilogramm am Tag, also 280 Kalorien am Tag (siehe Übersicht auf Seite 66). Teilen Sie den Bedarf Ihrer Katze durch den Energiegehalt des Futters (hier: 280 geteilt durch 4,9); auf diese Weise haben Sie die erforderliche Futtermenge (hier: rund 57 g) bereits ermittelt.

Mein Futterplan für: _____ _____

Futtersorte: _____

Anzahl Mahlzeiten am Tag: _____

Energiebedarf meiner Katze (siehe Seite 66): _____

Energiegehalt des Futters: _____

Tägliche Futtermenge: _____

Abzüglich Leckereien: _____

Ob zusätzlich zum Futter Vitamine und Mineralstoffe notwendig sind, sollte genau geprüft werden, denn auch eine Überversorgung kann schädlich sein.

Unter- und Überversorgungen

Das Aufstellen eines Futterplans ist mithilfe eines Taschenrechners und einiger Listen relativ einfach. Doch damit ist erst einmal nur sichergestellt, dass die Katze die richtige Menge an Energie in Form von Kalorien bekommt. Woran aber erkenne ich, ob das Futter wirklich alle für die Katze wichtigen Vitalstoffe enthält?

In jedem Heimtiermarkt findet sich eine verwirrend hohe Zahl an Futtersupplementen in vielfältiger Form – als Pulver, Tabletten, Paste oder gar als Leckerchen. Sind Mangelerscheinungen also allgegenwärtig und reicht handelsübliches Katzenfutter nicht aus, um die Katze bedarfsgerecht zu versorgen? Die Vermutung liegt nahe, und so werden Pülverchen über das Futter gestreut und Leckerchen mit Funktion angeboten – nur zur Sicherheit, versteht sich.

Die Auswahl an Leckerchen für Katzen ist riesig – gesunde Varianten sind genügend dabei.

Doch ein gut gemeinter Futterzusatz kann schnell den eigentlich ausbalancierten Mineralstoffhaushalt der Katze durcheinanderbringen und so beispielsweise zu Nierensteinen führen. Auch sind Mangelerscheinungen genauso gefährlich wie eine Überversorgung mit bestimmten Nährstoffen (siehe hierzu das Kapitel ab Seite 11). Die Fütterungsempfehlungen auf Dosen und Beuteln sind in der Regel mit Vorsicht zu genießen, denn jede Katze hat einen anderen Energie- und Nährstoffbedarf. Klären Sie die Gabe von Ergänzungsfuttermitteln deshalb auf jeden Fall mit dem Tierarzt ab. Bitten Sie ihn um eine umfassende Blutanalyse, um Mangelerscheinungen gezielt identifizieren und bekämpfen zu können.

Bei einer Fütterung hochwertiger Fertigfuttersorten sind in der Regel sämtliche Vitamin- und Nährstoffergänzungen unnötig, wenn nicht sogar gefährlich. Wichtig: Als Ergänzungsfuttermittel deklarierte Futtersorten eignen sich nicht als Alleinfutter, ihr Nährstoffgehalt ist durch den fehlenden Zusatz von Vitaminen und Mineralstoffen nicht ausgewogen. Derartige Sorten sollten nur sporadisch zusammen mit Alleinfuttermitteln gegeben oder wie Frischfleisch supplementiert werden.

Wenn Sie Ihre Katze barfen oder das Futter selbst kochen, kommen Sie nicht umhin, die Nährstoffmengen anhand von Nährstofflisten genau zu berechnen und das Futter entsprechend zusammenzustellen. An bestimmten Futterzusätzen führt dann meist kein Weg vorbei.

Leckeres für zwischendurch

Wer möchte seiner Katze nicht etwas Gutes tun und ihr ab und zu ein Leckerchen anbieten? Auch

wenn es hoffentlich jeder verantwortungsvolle Katzenhalter weiß, sei es hier noch einmal gesagt: Schokolade ist für Katzen absolut nicht geeignet und gefährdet sogar ihr Leben, da der Katzenorganismus den Stoff Theobromin aus Schokolade nicht abbauen kann. Abgesehen davon hat Süßes ohnehin keinen attraktiven Wert für Katzen, da ihnen die entsprechenden Geschmacksrezeptoren fehlen.

Viel besser geeignet für ein Leckerchen zwischendurch – in Maßen durchaus erlaubt – ist zum Beispiel ein Stück getrocknete Putenbrust. Wer zu fertigen Leckereien aus dem Futtermittelregal greifen möchte, sollte das Gleiche beachten wie beim Futterkauf selbst: Ein kurzer Blick auf das Packungsetikett hilft, die ungesunden Varianten von vornherein auszusortieren. Viele auf dem Markt befindlichen Produkte enthalten Getreide oder pflanzliche Nebenerzeugnisse als Hauptprodukt. Wie wir schon im Kapitel über Futterzusammensetzungen gesehen haben, sind diese für einen Fleischfresser wie die Katze äußerst schwer verwertbar. Nebenerzeugnisse sind zudem oft Abfallprodukte, die keinen hohen Nährwert besitzen oder sogar schwer verdaulich sind. Weiter werden oft „Öle und Fette" angegeben, aber nicht genau benannt. Auch hier gilt:

Nicht alle Öle und Fette sind gut verwertbar, pflanzliche Öle zum Beispiel sind für Katzen nahezu nutzlos. Viele Katzenleckerchen enthalten als Hauptzusatzstoff Zucker, der in Katzenfutter und auch im Katzenleckerli nichts zu suchen hat.

Haben nun Snacks, die mit einem Extra an bestimmten Vitaminen oder Mineralstoffen werben, einen besonderen gesundheitlichen Nutzen? In der Regel gilt: Bei ernsthaften Mangelerscheinungen sollten Sie nach Absprache mit dem Tierarzt auf Nahrungsergänzungsmittel bauen, die gezielt gegen den Mangel vorgehen – Leckerli sind hier meist nicht geeignet, sondern nur ein „Bonbon" für zwischendurch. Die auf der Packung angepriesenen Vitamine und Mineralstoffe sind bei typischen Katzenleckerli nicht oder nur in kleinsten Mengen, die selten genau angegeben werden, enthalten. Ein Beispiel sind viele Taurin-Tabs. Bei Bedarf ist die Gabe von reinem, kristallinem Taurin oft günstiger und wirksamer als eine Fütterung von sieben bis zehn Tabletten pro Tag. Insofern brauchen Sie bei der Leckerligabe immerhin kaum eine Überversorgung Ihrer Katze mit bestimmten Vitaminen zu fürchten, so niedrig ist meist der Anteil dieser Substanzen.

Wenn Sie Ihre Katze hin und wieder mit einem sorgsam ausgewählten Leckerchen verwöhnen möchten, das keinen Zucker und möglichst wenige Nebenerzeugnisse enthält, ist dies völlig in Ordnung. Besonders katzengerecht und vielleicht ja auch Favorit Ihres Stubentigers sind (gefrier-)getrocknete Fleisch- und Fischsorten, die im Tierbedarfshandel erhältlich sind. Denken Sie aber bitte daran, die Menge der übrigen Tagesportion entsprechend anzupassen, damit Sie nicht die Grundlage für Übergewicht bei Ihrer Katze schaffen.

Katzengerechte Schleckerei

Als katzengerechtes Leckerchen für zwischendurch bieten sich (gefrier-)getrocknete Fleisch- und Fischsorten an, die Sie mittlerweile problemlos in jedem örtlichen Tierbedarfshandel erwerben können.

Gegen eine gelegentliche gesunde Nascherei ist nichts einzuwenden. Besonders bei Katzen, die zu Übergewicht neigen, sollte man darauf achten, die sonstige Tagesration entsprechend zu reduzieren.

SCHLUSSWORT

Guten Appetit!

Wir sind nun am Ende unserer Reise durch den Katzenfutterdschungel angekommen. Hoffentlich hat Ihnen dieses Buch neben vielen neuen Erkenntnissen auch eine kleine Entscheidungshilfe bei der Auswahl der richtigen Nahrung für Ihre Katze geboten.

Es gibt keine perfekten Lösungen, auch bei der Katzenernährung nicht. Mit jedem Schritt werden wir an Erfahrung reicher. Lebensumstände verändern sich, vielleicht müssen Sie die heute gewählte Lösung für Ihre Katze in einigen Jahren wieder überdenken. Eines ist aber wichtig: Solange Sie sich nicht scheuen, nachzufragen und im Sinne Ihrer Katze lieb gewonnene Gewohnheiten zu hinterfragen, werden Sie eine gute Entscheidung treffen.

Ihnen und Ihrer Katze alles Gute!

ANHANG

Tipps zum Weiterlesen

- Alm, Peter: *Futter-Bedarfswerte Katzen*.
  Mildenitz: MuTiG GbR, 2010
- Cramer, Traute:
  Wenn Katzen kochen könnten.
  Schwarzenbek: Cadmos, 2010
- Grimm, Hans-Ulrich:
  Katzen würden Mäuse kaufen.
  München: Heyne, 2009
- Leiendecker, Nadine: *BARF für Katzen –*
  Die Alternative zur Maus.
  Schwarzenbek: Cadmos, 2010
- Münchberg, Angela: *Katzen naturnah*
  ernähren. Frischfütterung leicht gemacht.
  Schwarzenbek: Cadmos, 2007
- Münchberg, Angela: *Das Kräuter-Buch*
  für Katzen. Brunsbek: Cadmos, 2006
- Nestle, Marion: *Pet Food Politics:*
  The Chihuahua in the Coal Mine.
  University of California Press, 2010
- Reinerth, Susanne: *Natural Cat Food*.
  Berlin: BOD, 2008

Internetquellen

- www.dubarfst.eu: Portal und Magazin rund
  um die Rohfütterung
- www.savannahcat.de: Homepage einer
  Savannah-Züchterin, die kompetent zum
  Thema Rohfütterung informiert
- www.pristine-paws.de/ke_calc.htm:
  Programm zur genauen Kalkulation der
  benötigten Nährstoffe – kann auch als Hilfe
  zum Selbstkochen genutzt werden
- www.pfotenhieb.de: Im Cadmos Verlag
  erscheinendes Magazin für Katzenfreunde
  mit Fachartikeln rund um die Katzengesund-
  heit und -ernährung

Danksagung

Die letzten Zeichen dieses Buches erscheinen auf dem Bildschirm. Zeit, allen zu danken, die bei der Entstehung mitgewirkt haben!

Susann Burghardt, Lisa Gomez-Ringe und Jessica Rohrbach sind seit der Gründung des Katzenmagazins *Pfotenhieb* im Jahr 2007 ein nicht mehr wegzudenkender Teil meines Lebens und haben mir auch bei der Entstehung dieses Buches mit Rat und Tat zur Seite gestanden. Vielen Dank!

Natürlich ist dieses Buch auch Fleckli und Sakura gewidmet, die mich vor vielen Jahren zum Hinterfragen der gängigen Katzenfuttermentalität bewegt haben. Sie haben dieses Buch Seite für Seite mit Kopfstößen und wohlgemeintem Auf-die-Tastatur-Legen begleitet und während meines ewigen Tippens ihre Version der gesunden Katzennahrung belauert: die Tauben vor dem Fenster.

Der letzte und größte Dank geht an meinen Mann Immo, der zwar mit Katzenfutter nicht viel anfangen kann, unsere beiden Katzenmädels aber dafür umso mehr verehrt (… und sie ihn). Ich liebe jeden Tag mit dir!

REGISTER

Alleinfuttermittel 26
Allergie . . . . 49, 52, 54 f.
Aminosäuren . . . . .12 f.
Aminosäuren, essenzielle 13
Analyse 28
Aujeszkysche Krankheit 39, 49
Ausprobieren . . . . 58, 61 ff.
Ausschlussdiät 55
Ballaststoffe 14
BARF . . . . 37 ff., 58 f.
Beutetier . . . . 19 f., 37
Biotin 17, 19
Blutzucker 55
Darm . . . . 9 ff.
Deklaration 26, 28, 32
Diabetes 54
Digest 32
Dosenfutter . . . . 23 ff., 58 f.
Eiweiße . . . . 12 f.
Energiebedarf 69
Ergänzungsfuttermittel 26, 71
Etikett 26, 28, 30, 32
Farbstoffe 31
Fertigfutter . . . . 23 ff., 58 f.
Fette 14
Fisch 39
Fleisch . . . . 28, 39, 58 f.
Futtermenge . . . . 26, 65, 40, 65 ff.
Futtermittelverordnung 26
Futterplan . . . . 65 ff.
Futterrückruf 45
Geschmack/Geschmackssinn 10, 31, 52
Geschmacksverstärker 31

Gewöhnung 53, 60
Glykämischer Index 24
Haltbarkeit 23
Internet 56
Kalorienbedarf . . . . 65 ff.
Kalzium 40
Kalzium-Phosphor-Verhältnis 18
Kiefer 9, 25
Knochenmehl 31
Kochen . . . . 45 ff.
Kohlenhydrate . . . . 13 f.
Konservierungsstoffe 23, 31
Körpergewicht . . . . 67 f.
Kranke Katze . . . . 53 ff.
Laktose 13
Lebensstil 57
Leckerli 26, 55, 71
Lipidose, hepatische 63
Mangelerscheinungen 11, 16 f., 38 ff., 43, 55, 70
Maus 19, 37
Mengenelemente 16
Mengenempfehlung 26
Milch 12
Mineralstoffe . . . . 15 ff., 38 ff., 43, 55, 70
Muskelfleisch . . . . 37 f.
Nährstoffe . . . . 11 ff., 38 ff., 43, 47, 55
Nahrungsergänzungen . . . . . . 38 ff., 43, 55, 70
Nebenerzeugnisse 28, 72
Nierenprobleme . . . . 25, 54 f.
Normalgewicht . . . . 67 f.
Organe . . . . 9 ff.
Pflanzliche Nahrung 11
Protein . . . . 12 f., 55

Rezept . . . . 41 f., 48 ff.
Rezepturänderung 30, 53
Rohfasern 14
Rohfutter . . . . 37 ff., 58 ff.
Schmecken . . . . s. Geschmack
Schweinefleisch 39, 49
Selbstkochen . . . . 45 ff., 58 f.
Soja 35
Spurenelemente 16
Struvitsteine 25
Supplemente . . . . 38 ff., 43, 55, 70
Tagesbedarf . . . . 26, 65, 40, 42, 65 ff.
Taille 68
Taurin 13
Trächtige Katze 54
Trockenfutter . . . . 23 ff.
Trockensubstanz 27, 37
Überblick Fütterungsmethode . . . . 58 f.
Überdosierung . . . . 16 ff.
Übergewicht . . . . 65, 67 f.
Umstellung . . . . 33, 52 f., 58
Untergewicht . . . . 67 f.
Vegane Katzenernährung 35, 58
Vegetarische Katzenernährung . . . . . . 33 ff., 58
Verdauung . . . . 9 ff.
Vitamin A 15
Vitamine . . . . 14 ff., 38 ff., 43, 55, 70
Wachstum 13
Wasser 14, 21
Zähne . . . . 9 f.
Zahnreinigung 25
Zusammensetzung . . . . . 19, 26 ff., 23 ff., 58 f.
Zusatzstoffe 32

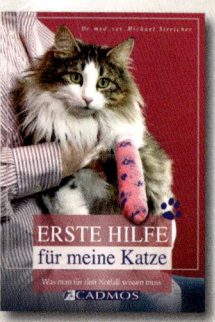